心安，
即是强大

不唯心志，只求心安，是人生的一种至境

不乱于心，不困于情，不浮于事，
用一份踏踏实实的耕耘，
换一份实实在在的收获，此生足矣！

图书在版编目（CIP）数据

心安，即是强大 / 陆文雄编著. — 北京：中国华
侨出版社，2017.10
ISBN 978-7-5113-7049-5

Ⅰ.①心… Ⅱ.①陆… Ⅲ.①人生哲学—通俗读物
Ⅳ.①B821-49

中国版本图书馆 CIP 数据核字（2017）第 226100 号

● 心安，即是强大

编　　著 / 陆文雄
责任编辑 / 文　喆
责任校对 / 志　刚
装帧设计 / 环球互动
经　　销 / 新华书店
开　　本 / 710 毫米×1000 毫米　1/16　印张 /17　字数 /226 千字
印　　刷 / 香河利华文化发展有限公司
版　　次 / 2018 年 1 月第 1 版　2018 年 1 月第 1 次印刷
书　　号 / ISBN 978-7-5113-7049-5
定　　价 / 38.00 元

中国华侨出版社　北京市朝阳区静安里 26 号通成达大厦 3 层　邮编：100028
法律顾问：陈鹰律师事务所　　　　编辑部：(010) 64443056　　64443979
发行部：(010) 64443051　　　　　传　真：(010) 64439708
网　址：www.oveaschin.com　　　E-mail：oveaschin@sina.com

前言

    "心安即是强大"是指一个人如果内心是安详的，不为外界的一切所困扰，更不为世事所焦虑、纠结和痛苦，那么其内心就是强大的。的确，一个平和之人，其内在思想是丰富的，因为有厚实的内在知识底蕴做基础，他就不会去计较个人的得与失，更不会在乎周围人对他的冒犯，也不会在乎他人的误解和世俗偏见对自己的评价，因为他的内心本身就是一个完美的世界，为此他不会色厉内荏，外强中干，更不会随意对人发脾气。这样的人，对自己与周围的人和世界都有极为强大的信念，这种信念能让他坚持自我原则，与世界万物和谐地相处。

    一个内在安详的人是富有智慧的，其有开放的意识与开放的心态，对于任何不同的声音，他们都能够认真地听进去，然后能用自己的逻辑、常识、直觉、经验以及科学的方法去检验，所以他们对于他人冒犯性的行为和话语不会轻易地发怒，而是会理智且和谐地解决与他人的冲突和矛盾。

    另外，一个内在平和之人，一定是有着自己坚定的信念，这种信念不是口头上的，而是发自内心深处的。也不仅仅是在知识上的，而是带有深厚情感，有着丰富的人生阅历以及广阔的视野。这种内心的强大，常常意味着他极其自信，而这种自信常常就来自于他深刻地意识到自己的浅薄，以及对自然，对人的生命的深深敬畏，因为敬畏，所以在任何情况下，也都不会滋生恐惧感和不安。

    这样的人，即使身处逆境，他的内心也是平和的、自信的，且是充满快乐的。因为，他的世界不再是世俗的世界，他有自己独有的完美的内心世界，在这个世界里，他有着自己的幸福标准与快乐标准，在这个里，他享受着别人无法体会，也无法理解的幸福与快乐。

一个内心安详之人不失眠、不焦虑、不急躁，对凡事都做最坏的打算，却往最好的方向去努力。一切灾难与痛苦，都早在他的生命中思量过了，甚至丰富真切地体验过了。他向死而生，因此，一切的变故都不能让他感觉到世界突然被颠倒，生活不会因为突如其来的变故而变得慌乱不堪。

本书就是一本教给人摆脱心灵枷锁，让人在烦躁不安的世界里做一个内心平和即内心强大的人。本书融入了作者个人对世界冷静地思考，并结合一些富有哲理的小故事，帮读者找到"无法心安"的原因，让人在人生的长河里掌控自己的航舵，教人如何远离生活中一切扰乱我们内心的繁杂和喧嚣，领悟到生命的真谛，体味到切实存在于我们周围的快乐和幸福，获得洒脱和惬意的人生！

希望本书能让生活在忙碌、烦躁的生活中的你，得到一丝清凉，让你的生活不再充满忧虑，让你的人生焕发光辉，成为一个快乐、幸福的人！

目　录

第一章

万物皆有缘：
一念随缘，便得万般自在

随缘即为顺应机缘，任其自然。要知道，缘分都是自然而来的，是无法强求的。强求必生烦恼、痛苦，我们只有顺其自然，静待时机，才能活得轻松、快乐。

当然，随缘不是得过且过，因循苟且，而是尽人事、听天命；并非是一种消极的人生态度和生活方式，而是一种对生活的理智和清醒，就是对自己能改变的事情尽最大努力，对不能改变的事情不苛刻，不强求，坦然接受，如此才能获得一份难得的恬静……

人生学会随缘，才能活得自在

人生在世，凡事不可能一帆风顺，总会有无尽的烦恼和忧愁。面对这些，我们该如何应对呢？随缘自适，烦恼即去，就是说，要顺其自然，不怨恨，不躁进，不过度，不强求，要把握机缘，不悲观，不刻板，不慌乱，不忘形，这样烦恼就自然离去。一个人能够真正做到万事随缘的话，那么，他的内心就一定是宁静的、惬意的和自在的。

一天，小和尚看到寺院的后院中有一片草地变得枯黄，就对寺院方丈说道："我们可以撒些草籽上去，这草地太过难看了。"

"不用着急，等你什么时候闲下来了，可以种上去一些，草籽什么时候都能撒。"方丈说道。

冬天过去后，方丈就送给小和尚一些草籽，并对小和尚说道："去吧，把草籽撒在地上面。"小和尚愉快地答应了。

一天，寺院中起风了，地上的草籽被风吹得满地都是，小和尚很是着急："怎么办呢？许多草籽都被风吹走了。"

方丈说："没关系，吹走的多半是空的，撒下去也发不了芽，你担心什么呢？随性。"

就在这时候，一群小鸟飞来了，又把刚刚撒在地上的草籽吃了，小和尚惊慌地跟方丈说道："不好了，草籽都被小鸟吃了！"

方丈不慌不忙地说道："没关系，草籽多，小鸟是吃不完的，你就放心吧。过不了多久，这里一定有小草。"

小和尚晚上睡在床上想着，这些草籽能不能发芽呢？一会儿，听到外面响起了雷声，一会儿又下起了大雨，他的内心更为着急了，暗暗担心自

2

已种了满地的草籽到最后什么也没有了。

第二天早上，小和尚赶紧跑到院中一看，果然看到地上很多草籽都被大雨冲走了，就赶忙冲进方丈的行房中说道："方丈，昨晚下了一场大雨把地上所有的草籽都冲走了，怎么办啊？"

方丈又一次不慌不忙地说："完全不用着急，草籽被冲到哪里就在哪里发芽。随缘吧。"

不久之后，许多青翠的草苗果然破土而出，原来没有撒到的一些角落里居然也长出了许多青翠的小草。

小和尚高兴地对方丈说道："太好了，我种的草长出来了。"

方丈点点头说："随喜。"

随心、随性、随意，就是对随缘的最好诠释。如果我们能够随缘地活着，有所求，求而得之，随之而喜；求而不得，随亦无忧，哪还会有什么烦恼和痛苦而言呢？苦乐随缘，得失随缘，以"入世"的心态去耕耘，以"出世"的态度去收获，这是随缘人生的至高境界。

生活中，很多人认为"随缘"是一种无所作为、听天由命的生活状态，是逃避问题和困难的一个理由。殊不知，随缘并非是放弃追求，而是尽人事，听天命，一种对生活的豁达态度。随缘是一种智慧，可以让人在狂热的环境中，依然拥有恬静的心态和冷静的头脑。随缘也是一种修养，是饱经人世沧桑，是阅尽人情经验，是看尽人生繁华的一种顿悟。

随缘不变，是让人不随便行事、因循苟且，而是随顺当前的环境因缘，从善如流，是不模糊立场，不丧失原则，通情达理，圆融做事，这样才能够事理相融，通达顺和。

随缘，就是让人在不违背常理的情况下，顺从自然之道。庄子妻死，他自知生死如春夏秋冬四季的变化运行一般，既不能改变，又不可抗拒，所以他能"顺天安命，鼓盆而歌"。陆贾在《新语》中说"不违天时，不夺物性"，就是告诉人们，宇宙人生都是因缘而和，缘聚则成，缘灭则散，只要不违天时，不夺物性，则能安身立命，随遇而安。

时时随缘的人，能够在风云变幻、艰难坎坷的生活中，收放自如、如鱼得水；能够在春风得意之时，保持清醒的头脑，保持淡然的态度。万事随缘，是对现实正确、清醒的一种认识，是对人生彻悟之后的一种豁达，是"聚散离合总归缘"的达观，是"闲看花开花落"的超然，是"一蓑烟雨任平生"的从容。如果你时时拥有一份随缘之心，就会发现，生活无论是阴云密布，还是阳光灿烂，内心总有一份超然的平静，总有一份恬淡的洒脱和惬意。

万事皆缘，随遇而安

任何人的一生都不可能一帆风顺，总会有纷纷扰扰的琐事困扰。同时，还有诸多的诱惑在考验着你的定力，让我们时常感到心累不已，这个时候，与其强求，不如顺其自然，随缘而定。

缘分如风，无形无色，随情的尘埃四处飘荡，它可以随风飘到遥远的天涯，也可以伴雨浇到从未到过的原野。缘分如线，能将相隔千山万水的陌生人牵连在一起，让他们在偶然间相识相知；缘分如水，来去自由，在润物细无声中浸透着最美丽的邂逅，将彼此的心灵浸润得极为纯美，洗尽曾经的彷徨，给人带来意想不到的机缘。生活中的得失，一切在于一个"缘"字，它让人捉摸不定，与其强求，不如随缘。随缘而定，随遇而安，才能获得惬意的人生。

高高的山上有一座寺院，一位和尚经常到山下的河边去挑水。

有一次，他的桶有点漏，滴滴答答，一路都在往下漏水。过路的人看到此情，就提醒他说："你这么辛苦地挑了一担水，但是水桶却是漏的，等到你走到山上的寺院，恐怕水也差不多漏完了吧。为何不换个新桶呢？这样多费力气啊！"

这位和尚坦然一笑说道："没有浪费力气，你可以回头看一看，这桶中漏掉的水不是都浇了这一路的花草吗？你瞧，它们长得多好啊！"

一切随缘，这是想获得快乐和幸福的人应该有的心态。学会以坦然、乐观的心态去看待世事的发展，才能够赢得内心的平静，赢得令他人羡慕的"快乐人生"。

很多时候，缘分与快乐、幸福一样，是个极为抽象、令人捉摸不定的概念。缘来了，谁也挡不住，你只能坦然接受；缘散了，谁也不能强留，空留一些美好和遗憾在时光的河流中隐隐飘散，我们只能在顺其自然中寻找到一份难得的淡然和恬静……

缘分其实是个奇妙的东西，根本无法解释，因为无法解释，所以充满了无限的玄机，给人以无限的遐想。很多事情，好似上天安排好了似的，在坎坷人生的驿站该遇到哪些人，该遇到哪些事，仿佛在冥冥之中已经有了定数。

不成熟者，缘来的时候不懂得好好把握，等到缘散的时候才去不断地抱怨和后悔，徒留一份痛苦和遗憾；对于成熟者而言，他们从不会把缘分当作生命的一种负担，怀揣着一份轻松和坦然，在拥有的时候无限地珍惜，失去后也会淡然一笑，该珍惜的时候已经珍惜了，该放手的时候就该放手，看淡了，也就不致耿耿于怀。

万事随缘，你的生命将会获得一份恒定的平静和恬淡；万事随缘，你会保持坦然愉快的心情。

缘来就惜，有些情错过了，便成永远

当缘来的时候，要及时表达出你的爱，并且要懂得好好地珍惜对方。有些爱情，错过了就是一辈子。

一只美丽的七彩蝴蝶，有着极为美丽的翅膀，因为曾经吮吸过很多鲜艳的花朵，所以总觉得自己无比高贵。有一朵普通的小花，没有华丽的外表，从没有被蝴蝶青睐过，所以，总是一副淡然的样子。

这一天，蝴蝶和这朵普通的花相遇了。花儿看到美丽的蝴蝶，很是兴奋，张大了花蕊，等着蝴蝶的降落。而蝴蝶在上方不停地盘旋着，始终没有靠近这朵小花。因为这朵花实在是太过平凡，它不想降低身份去吮吸。

时光荏苒，日月如梭，转眼间春去秋来。多数的花都凋谢了，那朵普通的花仍然在开着，等待蝴蝶的降落。而蝴蝶也决定飞向花儿，但是它的翅膀却已经僵硬，再也无力飞了，最终坠落了下来。

美丽的东西都是短暂的，爱情也是如此。正因为不常有，所以尤其值得我们去珍惜。蝴蝶因为不懂得珍惜与那朵花的缘分，错过了，成为了永远的遗憾。

缘分是个虚无缥缈的东西，无可捉摸，我们要随缘而为，心中有爱，就要大胆地说出来，哪怕遭到拒绝，但至少自己去尝试了，就不会后悔。

无论是冗长还是短暂的恋情，若是能换来有情人终成眷属，在很多人看来就是爱情的完美结局。然而，幸福不是一劳永逸的，倘若是不懂得珍惜彼此，美梦成真之时也许就是噩梦的开始。

男孩和女孩因缘而坠入了爱河。有一天，男孩和女孩牵着手去逛街，在经过一家首饰店门口时，女孩一眼就看上了玻璃柜中的那对心形的金耳环，很喜欢。

男孩当然看出了女孩的心思，但是他却没有钱，只好红着脸拉着女孩走了。几个月以后，女孩的生日到了。在女孩的生日宴会上，男孩送给女孩一对金耳环，正是那天女孩看上的那一对。

女孩兴奋地吻了一下男孩的脸，男孩却开玩笑地说："这对耳环，只是铜的哦……"女孩的脸顿时涨得通红，把耳环随手放在了裤子口袋中。自从宴会结束以后，女孩再也没看男孩一眼。

不久，一个有钱人闯进了女孩的生活，对方送给女孩很多金光灿灿的首饰。对女孩来说，那是一段极为幸福的时光。然而，不久之后，那个男人却突然消失了。

没有任何收入来源的女孩，生活一下子陷入困顿之中，于是，就拿着男人送给她的首饰到当铺去当。老板看了一眼说道："你拿这么多镀金首饰来干什么？"女孩一下子愣住了。接着，老板的眼睛一亮，扒开一堆首饰，拿出最下面那对耳环说道："这倒是真金的，还值一点钱。"女孩一看，这不正是男孩送她的"假金耳环"吗？女孩整个人都惊呆了。

女孩决定去找那个男孩，可当看到那个男孩时，对方已经结婚了。看到男孩家中简单却充满温馨的摆设，女孩的眼睛湿润了，她知道，原本属于自己的幸福，再也找不回来了……

看到这里，我们都不免为女孩感到惋惜。然而，人生没有彩排，有些感情，错过了，就是一辈子。真正懂得珍视自己的人，会珍视自己来之不易的感情，会在能爱的时候一心一意地爱，不给人生留下遗憾。所以，趁来得及的时候，请好好珍视你身边那个还可以牵手、拥抱的爱人吧。切莫等错过了再悲悲切切地呼唤：回来吧，我的爱。

缘去要放，有些情注定是得不到的

真正惬意的人，是懂得惜"缘"的人。缘来就珍惜，缘去了就放手。当感情到来的时候，就要懂得好好珍惜，而当失恋的时候，则无须过分地痛苦和烦恼，学会放手，这样才能让自己在快乐和幸福中体味爱情的真滋味。然而，生活中很少有人能懂得这个道理，缘来了，不懂得好好珍惜，当缘去的时候，因为放不下而悲痛万分，苦苦挽留，在失去感情的同时，也失去了自尊。要知道，所有的感情皆因缘而起，情去了，就意味着缘散了，那些不属于自己的，注定是得不到的。

从前，有一位书生为了去赶考，不得不与他的未婚妻暂时分开。在进京前，他曾与未婚妻约好，等他回来之后，就会在某年某月某日与对方结婚。

大半年过去了，书生进京赶考回来了，而他的未婚妻却嫁给了他人。书生深受打击，心里难过极了，从此就一病不起。

有一天，书生家门前路过一个僧人，说可以看好他的病。书生的亲人就让他进了家门。僧人没有给书生把脉，开药方，而是从怀中拿出一面镜子给他看。镜中一片茫茫大海，一名遇害的女子一丝不挂地躺在海滩上，旁边路过许多人，但是这些人都是看一眼，摇摇头，就走开了。

又走过一个人，将自己的衣服脱下来，把女子尸体盖上后就走开了。一会儿，又走过一个人，走过去，挖了一个坑，并小心翼翼地将尸体掩埋了。

书生对此十分地惊愕，那僧人对书生解释道："那具海滩上的女尸，就是你未婚妻的前世。而你是第二个路过的人，曾经给她一件衣服。她今生只有缘与你相恋，只为还你一个人情。但是，她最终要报答的是前世曾将她掩埋的那个人，那个人就是她现在的丈夫。"

书生随即大悟。

我们要铭记，失去的感情是注定不属于自己的，我们无须与命运苦苦抗争。这个世界上没有永远的激情，也没有一成不变的事情。人生的花开花落，都是周而复始的，没有永远不凋谢的花朵，没有永恒不变的感情。真爱一个人，不一定要拥有；真正的爱情，也不一定就会天长地久。如果你爱一只鸟，就给它飞翔的自由，给它享受蓝天的自由，给它品味风雨的自由；爱一个人，给他爱的自由，给对方选择的自由和拒绝的自由，这是爱情的至高境界。

人生的风景并不是只有一处，在你为逝去的美景哭泣的时候，眼前可能是一幅更美的画卷。不要沉溺于过去的情感，失去了，意味着这段情感不适合你，一段更好的感情正在等待你。不回过头，你怎能看到眼前的美景？不放下过去，你怎么会获得自由？

人生犹如一部戏，我们每个人都是戏里的主角，每个人都不可能把自己的角色演到极致，而不留一丝遗憾，没有遗憾的人生不是完整的人生。放下过去，还给彼此自由，让彼此生活得更好，这才是一段完美的感情。所以，当你被某些事情缠绕得心力交瘁的时候，一定要告诉自己：只有放下，才能重获快乐和自由。

以坦然的心态迎接福祸

人的一生都不可避免要经历"福"和"祸"，这些都不是人生的终点，而是人生中的转折点。然而，很多人都不能够坦然地面对"福"与"祸"。

"福"来了，就狂喜，以致迷失自己；"祸"来了，就是悲伤、痛苦，乃至绝望。而一个真正有大智慧的人，绝不会因一时的福祸去悲喜，而是能够坦然视之，在福祸之中保持冷静和清醒，从而让"福"持续得更为久远，顺利地化"祸"为"福"，安然踏实地度过人生的每一天。

西晋有一位著名的将领叫石苞，掌握着全国的军队，可谓"一人之下，万人之上"。虽然他身居高官，但却丝毫不轻狂，总是以一颗平常心面对一切。那个时候，天下还未统一，经常受到吴国的骚扰，因此，当时的皇帝司马炎便派他去镇守边防。

石苞尽管深受人们的爱戴，但是在官场之中，很多人蓄意要想害他。一次，一位名叫王琛的官员就利用民间歌谣，悄悄地向晋武帝密报石苞意图谋反。甚至，还有一位法师说："东南方会有大将造反。"而当时石苞就在东南方位，为此，晋武帝就开始怀疑石苞的忠诚。

当时，荆州官员刚好也送来了吴国准备派大军进犯的消息，于是石苞就开始修筑防御工事，准备抗敌。石苞的这一举措使司马炎认为是造反的苗头。于是，司马炎便召见石苞的儿子石乔。石乔也是当朝的官员，然而他却没有面见皇上。顿时，司马炎大怒，便秘密派兵准备讨伐石苞。

这一切行为，石苞都被蒙在鼓里，依旧准备应付吴国的进攻。当晋军大兵压境时，他还莫名其妙，不过他想：自己一向对朝廷忠心耿耿，皇上怎么会派兵征讨呢？这里面一定存在误会。

于是，他就采纳了部下的意见，立即放下武器，打开城门，没有做任何的反抗和反驳，只身来到都亭住下来，等候皇上的处罚。大难临头之时，还能有这样的勇气和冷静并非是常人能够做到的。

石苞的这个行为，让皇帝立即清醒过来。他想：指控石苞反叛的事情本来就没什么真凭实据。更何况石苞如果真要反叛朝廷，他已修筑好了防御的工事，大兵到来他早就反抗了，怎么会只身出城，坦然接受处罚呢？皇帝并不糊涂，经过仔细思考，完全打消了对石苞的怀疑。

在危机面前，石苞泰然处之的心态，让人佩服至极，也洗清了他的冤屈。临危不惧，坦然面对危机，是一种大胸怀，它能帮助你走出危机，迎接新的光明。

记住，只要你内心坦荡无私，能够冷静面对一切，总会云开雾散。同样，在"福至"的时候，石苞也没有狂妄，从而赢得了民心和皇帝的信任。

人总有得志之时，也有失意之时，我们只要坦然面对，万事随缘，淡定处理，一定能够快乐地应对人生中的波澜起伏。

每种生活都有它的得与失

每种生活都有它的得与失，能够得到固然令人欣喜，失去也是让人着迷的。当你得到的时候，渴望便不再是渴望了，心灵上便获得了满足，但失去了期盼；失去的时候，拥有的便不再拥有，于是失去了所有，却得到了怀念。所以，我们要看淡得失，万事随缘，不苛求，不计较，这是获得快乐的重要法宝。

在一个公园的长廊上，有一位衣着破烂的乞丐总是在晚上的时候，盯着对面豪华的宾馆。而每天晚上，一个百万富翁总是乘着一辆豪华的车出入那座豪华宾馆。

这一天，这位百万富翁注意到了这个乞丐，就要求司机停下车来。他径直走到那个乞丐的面前，说道："请原谅我，我不明白，你为何每天晚上都过来，并盯着我住的宾馆看。"

"先生，"乞丐回答说，"我没钱，没家，没住宅，只能够睡在这张长凳上面。不过，每天晚上我都能够梦到自己住进了那座宾馆。"

这位富翁听了之后，就对他说道："今晚我一定会让你如愿以偿，我会为你租一间最好的房间，并且还会让你安心地在这里住一个月。"

一个星期之后，富翁来到这个人的房间，他想看一下乞丐是否感到满意。然而，出人意料的是，这位乞丐已经搬出旅馆去了，又重新回到了公园的凳子上面。

当百万富翁找到他询问他为什么这样做的时候，他回答说："一旦我睡在凳子上面，我就梦到我睡在那座豪华的旅馆之中，感觉妙不可言；而当我真睡在了宾馆中，宾馆固然豪华，但是我又经常梦到自己回到了冰冷的凳子上面，这种梦实在是太可怕了，以至于我晚上睡不踏实！"

其实，每种生活都有它的得与失。所以，我们应该珍视人生的得与失，懂得世间之物本来就是来去无常的，所以，在得到的时候一定要珍视，失去的时候也不能无所适从，一切随缘，便能惬意无比。

有一位小姑娘，因为丢失了一个漂亮的发卡，心情总是很沮丧。有一天，她发现自家的高墙角上有一个闪光点，在阳光下熠熠生辉，像是一个漂亮的发卡，很是兴奋。

从此之后，她每天都会在太阳升起的时候，到墙角下去仰望，满心的高兴。终于有一天，她架起了一个梯子，决定去看个仔细。高高的墙壁，高不可攀。

近了，近了。最终，她就用那只颤抖的手一把抓住了它。原来，那只是一块破玻璃片。她内心顿时感到好失望，心情沮丧得很。

事物的转换总是这样子，小姑娘在此之前，本来拥有一份好心情，一旦触摸到了那块破玻璃片，顿时失去了往昔的好心情，真可谓"失即是得，得即是失"。

得与失之间只有一线之隔，我们要以一颗平常心面对，正确看待得与失，得到的也可能会失去，无论你得到了什么，都这样提醒自己，这样才能使自己在得到时倍加珍惜，在失去的时候也能淡然处之，不悲不喜，这样才能让自己拥有更为豁达的人生。

凡事不苛求，学会随遇而安

简单的生活中，幸福和快乐无处不在。无论是狂风暴雨，还是艳阳高照，都是生活独特的美丽景致，都值得我们去好好地品味。然而，在现实生活中，我们总是担心自己会被大雨淋湿，害怕骄阳晒黑了皮肤。过多的担忧，过分的苛求，很难让我们体味到生命真正的快乐。

罗伯特夫妇年岁已高，却一直没有孩子。幸运的是，几年后，他们有了自己的孩子，给他起名叫杰端斯。

罗伯特夫妇将杰端斯看成是他们的宝贝，生怕他受到一丝的伤害，于是，就想在他们有生之年好好地教导他，就连他走路的方式都会清清楚楚地告诉他："我的小宝贝，走路的时候一定要看着脚下的路啊，以防滑倒。"可以说，杰端斯是完全在父母的叮嘱中长大的。在父母的谆谆教导下，杰端斯自己也很是乖巧，只要抬脚走路，都会盯着脚下的路。

有一次，罗伯特夫妇带着小杰端斯高兴地到郊外去郊游。罗伯特总是不停地教导儿子："你现在是走在山路上面，一定要看准脚下的路啊，否则，可能会因为不小心摔倒或者掉进深谷中，一定要记住！"

杰端斯睁着一双大眼睛，听话地点了点头，说："我会的，爸爸，你放心吧！"

慢慢地，杰端斯也长大了。有一天，他准备到海边去游玩，妈妈连声叮嘱他："儿子啊，你走到沙滩上面，一定要小心啊，双眼一定要盯着脚下才行，因为海浪随时会出现，以防它将你卷入海中。"

后来，罗伯特夫妇离开了人世，可怜的杰端斯因为从小听从了父母的教导，总是低着头，盯着脚下走路，继续自己的生活。

　　杰端斯认真地执行父母的叮嘱，在地板上，在山间，在海滩上，他都会直盯盯地看着脚下的路，从来不注意自己周围美丽的风景。他从来不知道流水声是从哪里来的，从来不知道潮声是从哪里来的，因为他无论走到哪里，都是"低着头"，从来不知道周围和眼前是一种什么样的情景。

　　就这样，杰端斯从来没有跌倒过一次，更没有因为滑倒而碰伤过，毫发未损地低着头走完了自己的一生。在他临死的时候，他还不知道，原来头顶是有蓝天的，远方的海是蔚蓝的，天上不仅有美丽的云彩，还有迷人的繁星……与生命有关系的一切美好的事物，他都未曾好好地欣赏过。

　　美丽的人生从来就不是苛求来的，正如罗伯特夫妇一样，因为过分地苛求，顾虑重重，太害怕危险，才使得儿子永远无法享受到生命最美丽和最精彩的部分，遗憾地错失了人生之中最美妙的风景。要知道，生命中所有的挫折、痛苦与灾难，同快乐、幸福、成功一样，也是生命不可或缺的一部分，也是生命的一种美丽，我们只有学会随遇而安，才能够在多姿多彩的世界中真切地体味到生命的乐趣。

　　有一次，玛特从偏远的农村搭车回城，在途中，因为车子忽然抛锚而暂时回不了家。

　　那个时候正是夏季，午后的天气异常的炎热，周围也没有任何可以乘凉的地方，这样的情况，着实让人着急。其他乘客的心情都糟透了，不停地在烈日下抱怨着。

　　玛特一看当时的情况，就明白再着急也没什么用，只有耐心地等待车子修好才可以继续前行。他就下车来询问司机，得知，要修好车子需要三四个小时。于是，他就独自步行到附近的一条河边游泳去了。

　　河边清静凉爽，风景宜人，在河中畅游之后，玛特感到浑身的暑气全消。等他愉快地游泳回来后，车子已经修好了。他就搭上车趁着黄昏的晚风，直向城中驶进。

　　此后，他逢人便说："那是平生最为愉快的一次旅行！"

随遇而安可以化解一切烦恼、痛苦和磨难。然而，要做到随遇而安，一定要懂得及时调整自己的心态，要把人生所有的际遇都看成是一个美丽的过程，这样才能从中体味到最为真切的美丽和快乐。就像玛特一样，在烈日之下，你再抱怨、再着急，那个车子也不会提前一分钟修好，而那次旅行也会变成人生中最为痛苦和糟糕的一次旅行。

人生不如意十有八九，环境与际遇总会有不尽如人意的时候，我们要想时时过得快乐，就要以一颗平常心去面对这些逆境与不如意。当人力无法改变现实的时候，与其怨天尤人，徒增苦恼，不如因势利导，去适应环境，抓住最有利的条件，尽自己最大的力量与智慧去发掘隐藏在其中的乐趣。只有那些心态平和并且能忍受命运之否泰者，才能够充分地享受到人生的真正快乐。因此，当你处于无可改变的环境中，要学会勇敢地接受现实，发掘掩藏在其中的快乐和幸福，并且从容地去发现崭新的道路，这样才能让生命的每一分每一秒都在快乐与宁静之中度过。

一壶秋梦，不必那么执着

在奋斗的过程中，很多人都赞扬执着、认真的精神，当然，这种执着的精神在实现目标的过程中是必不可少的。然而，有时候，人如果过于执着的话，就会使好事变成了坏事。比如在执行目标的过程中，如果发现目标不符合实际，这个时候，如果你还要执着地坚持，就变成一种偏执了。不可能达到的目标，就如一壶秋梦，再执着，只能让自己遭受更多的痛苦和失落。

娇娇和乔丽都很优秀，在一次面试中，两人通过层层选拔，脱颖而出。公司为了从她们两人中选拔出最适合的，就给她们出了一道"难题"。

那天，娇娇在最后一轮面试以后，表现良好，各种问题都能够对答如流。就在这个时候，面试官忽然给她一把钥匙，随手指了一间小屋让她去那里拿只茶杯过来。

娇娇也没在意，想着不就是拿个茶杯嘛。于是，她就走过去将钥匙插进锁孔。但是，无论怎么扭动就是打不开。她不相信自己就真的打不开了，就开始慢慢地拧，很长时间后，还是没能够打开。最终，她才明白，这是主考官给她出的最后一道难题，如果连这扇小小的门都打不开的话怎么去打开别人的心灵，于是她就一个劲地往里面拧，以致钥匙最后也被她拧断在锁孔里。

难以置信，明明是这间屋的钥匙为什么就是打不开呢？于是，娇娇就问主考官道："请问，是这把钥匙吗？"主考官抬头看了一下娇娇答道："是，打开屋子，取出茶杯。"娇娇很为难地说："门打不开，我也不渴……"

主考官打断了他的话："那好吧，你可以回去等通知了。"

第二天，公司又通知了乔丽过来面试，尽管乔丽的问题回答得不算怎么流畅，但是主考官最终还是同样给了她一把钥匙，让她过去取一只茶杯。当然，乔丽同样也是打不开，但是她却看到另一间屋里有一只茶杯，她就想着："主官考并没有告诉我钥匙就是这间屋的，既然是打开有茶杯那间屋的钥匙，那么应是隔壁这一间吧。"于是她抱着试试看的心态，竟然真的打开了那间小屋门，取出了茶杯。

主考官很高兴，拿起她取出的茶杯为乔丽倒了一杯水，并对她说："喝杯水，然后签个协议，祝贺你，你被录用了。"

娇娇因为内心太过执着，所以，一直在做一件"不可能"的事情，结果怎么都打不开。而乔丽则转变了观念，只是选择放下这扇打不开的屋门去试试另一间的屋门，结果她用同样的一把钥匙打开了另一间屋门，取出了茶杯。

一个不可能实现的目标，好似一壶秋梦，梦醒了，只能徒留一份失落与伤感。我们执着于名与利，执着于幻想的美，执着于痛苦的爱，执着于不切实际的空想……等到数年光阴逝去之后，才会哀伤地去嗟叹人生的无为与空虚。一个人如果太过执着，只会让自己变得盲目。

很多人常常会这样自勉："我一定要成为某方面的专家"，"我一定要在一个领域内做出最大的成就"……但是很多时候，这些不切实际的理想与追求只会成为我们的一种负担，会羁绊我们的脚步。

人生苦短，韶华易逝。执着于一个目标、一个信念那是大勇，但是如果目标不合适，或客观条件不允许，与其蹉跎岁月，徒劳无功，还不如及早变通，只有通过变通才能够做出更加正确的选择。明明知道这扇门打不开，就不必为这扇门而苦恼了，为何不放下自己的那份执着寻找另一个出口呢？

从逆境中发掘生命的乐趣

日常生活中的环境往往会有不如意的时候，要想在不如意的环境中获得平静和快乐，关键在于你如何去面对逆境和不顺。当遭遇人力所不能改变的逆境的时候，与其忍受煎熬，怨天尤人，不如认同现实，随遇而安。行到水穷处，坐看云起时，因势利导，适应环境，从既有的条件中，尽自己最大的努力和智慧去发掘生命中的乐趣，从容地从不如意的环境中去发掘新的前进道路，才能够迎来柳暗花明的前景。

一位老禅师，身边有一群虔诚的弟子。有一天，禅师让他们每个人到北山上去砍些柴回来，弟子们随即答应。

然而，当弟子们急急忙忙地往北山走的时候，突然洪水飞泻而下，阻断了通往北山的路。

弟子们个个都抱怨不止地回来了，有的说，禅师明知我们过不去河，还要让我们浪费时间，浪费精力；有的说，过不去河，砍不到柴，这下又该遭师父骂了……只有一位小和尚坦然面对。见到师父之后，就从怀里掏出一个苹果给师父，并说道："过不了河，砍不了柴，我见路边有一棵苹果树，就顺手摘了一个苹果回来。"

后来，这位小和尚就成了禅师的衣钵传人。

世界上有走不完的路，也有过不去的河。遇见过不去的河掉头而回，是一种智慧。然而，有大智慧的人，还要在河边做一件事情，过不去河，就摘下一个"苹果"而归。拥有这种生活信念的人，最终都能实现人生的突围和超越。

大文学家苏东坡一生都不停地在逆境中颠簸，他曾经多次被贬谪，可是，他说，要想心情愉快，只需要看到松柏与明月就行了。何处无明月，何处无松柏。现实生活中，很多人之所以在逆境中抱怨不停，只是因为没有他那般的闲情与心情罢了。如果你能够做到随遇而安，不管在顺境还是逆境中，都能够及时地挖掘到隐藏在身边的趣闻乐事，甚至于去寻找苍穹中的闪耀星星，这样，环境没有任何改变，只是心境与以前大不一样了。如果，当下你也处于不如意的环境中，那就学着"随遇而安"，好好地拥抱此刻，享受生命中每一分和每一秒的快乐与宁静。

生命有限，应该善加利用

生活中，很多人之所以不快乐，是因为现实与自己所预期的不相符。当我们的要求得不到满足，认为人生不是它"应该"有的样子，我们就无法快乐起来。所以，我们经常会听人说："要怎样怎样，我才会快乐起来。"然而，人生并没有那么完美，生活有自己的逻辑，并不会依照我们的想法进行。我们因此而产生的愤怒、沮丧，实则是一种自欺。

境由心生，快乐完全由自己决定。很多人奋斗和努力一生，好像专门为了生命能抵达一个叫作"快乐"的工作站。他们认为，等有一天，所有的事物都变成完全符合自己的理想的时候，到时候，就可以喘一口气，对自己说："从此终于可以快乐起来了！"为此，他们一生都在不停地忙碌、追逐，到临终的那一天，也没有感受到丝毫的快乐。他们的一生，都可以用"只要怎样怎样，就会快乐"做一个总结。

其实，快乐随时随地都由自己决定，只需每天提醒自己：人生有限，应该在此刻就让自己快乐起来，不要白白地虚掷现在，总是空想自己有个美好的未来。

下面这段文字是一位得知自己将不久于人世的老人写的，很值得一读。

"如果我能够重新活一次，我会尝试去犯更多的错误。我会多多休息，随遇而安，我处事不会像现在那么的精明。其实，世间值得去斤斤计较的事情少得可怜。我会更加地疯癫一些，也不会那么地讲究卫生。要知道，我就是那种一天又一天，一个小时又一个小时过得小心谨慎、清醒合理的人。我也未曾放纵过自己，如果一切能重新来过，我就要享受更多那样的时刻，每一刻钟，每一分钟，每一秒钟。

"如果一切能够重新来过，我要在早春赤足走到户外，在深秋竟夜不眠。我要多坐几次旋转木马，多看几次日出，与更多的儿童玩耍，只要人生能够重新来过。但是，要知道，不可能了，一切都晚了。"

这些话提醒我们，人的生命有限，应该善加利用。这位老先生明白，要活得更快乐、更充实，无须改变这个世界。世界已经够美了，需要改变的只是自己而已。

世界本来就不是"完美"的，我们不快乐的程度主要取决于现实与它们"应该是"的样子之间的距离。如果我们凡事都不去过分地苛求，一切随缘而定，快乐就变得简单多了。我们只需要决定自己比较喜欢向哪个方向发展，即便不能如愿，我们也是可以快乐和幸福的。

抱怨环境，不如适应环境

蚌无法阻止沙粒磨蚀它的身体，但可以包裹沙子来适应这悲惨的遭遇；青松无法阻止大雪压在自己身上，但可以选择弯曲来适应环境。当处于不可改变的境遇之中，与其苦苦苛求环境，不如学着化敌为友，这是一种适应性，也是一种生存的技巧。正如席慕蓉所说："请让我们相信，每一条所走过来的路径都有它不得不这样跋涉的理由，每一条要走下去的前途都有它不得不那样选择的方向。"很多时候，我们也许没有选择的权利，但我们有改变自己适应环境的能力。

美国小说家塔金顿说："我可以忍受一切变故，除了失明，我绝对无法忍受。"然而，就在他60岁的时候，他的双眼却失明了。无论如何也没有想到，如此糟糕的事情会发生在自己身上。

他的精神几近崩溃，不停地默念道："完了，我的人生完了！"几经痛苦之后，他觉得，与其痛苦，不如坦然接受。完全失明之后，塔金顿说："我现在已经接受了这个事实，也可以面对任何状况。"

为了恢复视力，塔金顿在一年内不得不接受12次以上的手术。要知道，眼部的手术只能采取局部麻醉。面对这样的痛苦，他没有抗拒。他知道，这是必需的，无可逃避的，唯一能为痛苦付出的只有优雅地接受。他放弃了私人病房，与大家一起住在普通的病房，总是想办法让自己和病友们高兴一点。

当他再次接受手术时，他提醒自己是何等的幸运："太奇妙了，科学已经进步到连人眼这样精细的器官都能动手术了。"

普通人如果必须接受 12 次以上的眼部手术，并忍受失明之苦，可能早就崩溃了。然而，塔金顿却说道："我不愿意用快乐的经验来交换这次体验。"他因此就学会了接受，他相信，人生没有任何事情会超越他的容忍度，他也重新认识到一个人适应环境的能力究竟有多么的强大。

在无法改变的际遇中，与其痛苦、抱怨，不如坦然接受，并努力适应环境，这样才能让自己时时都生活在潇洒和自由之中。

最后，让我们永远记住在威斯敏特教堂地下室，英国圣公会主教的墓碑上写着这样一段话：

当我年轻自由的时候，我的想象力没有任何局限，我梦想改变这个世界。

当我渐渐成熟明智的时候，我发现这个世界是不可能改变的，于是我将眼光放得短浅了一些，那就只改变我的国家吧。

但是我的国家似乎也是我无法改变的。

当我到了迟暮之年，抱着最后一丝努力的希望，我决定只改变我的家庭、我亲近的人——但是，唉！他们根本不接受改变。现在，在我临终之际，我才突然意识到：如果起初我只改变自己，接着我就可以依次改变我的家人。然后，在他们的激发和鼓励下，我也许就能改变我的国家。再接下来，谁又知道呢，也许我连整个世界都可以改变……

漫漫人生，人需要不断地去适应环境。如果不能改变环境，就改变自己。只有这样，才能克服更多的困难，战胜更多的挫折，实现自己的梦想。如果你不能看到自己的缺点与不足，只是一味地去苛求周围的环境，或将改变境遇的希望寄托在改换环境方面，实在是劳心劳神，而又徒劳无益的事情。

一切随缘，不妄求完美

追求我们意念中的完美只是一种憧憬、一个向往，是生活中的一个过程和体验而已，只要做到问心无愧就算是一种完美了。

一个寺庙中的老方丈觉得自己时日不多，就想从弟子中挑选一位接班人来接替他的位置。然而，他所有的弟子都很优秀，不知道该选谁好。

几天后，他就有了主意。他将所有的弟子都叫过来，吩咐他们到寺庙的后院中去寻找一片最完美的树叶回来。所有的弟子都不知其理，却也照师父的吩咐去做了。

这些弟子来到树林，心想，这么多的树叶到底哪片树叶才是最完美的呢？每个弟子都在树林中仔细并辛苦地寻找起来。结果，等到天黑的时候，他们就把自己累得气喘吁吁，也没找到那片"最完美的树叶"，最终都空手而归。

仅有一个和尚心想：如此多的树叶，每一片都有自己的特色，哪一片才是最完美的呢？于是，他就在树林中随便地捡了一片相对完整的树叶，早早地回到了寺院中。

天黑之后，方丈见众人都气喘吁吁地空手而归，便问道："你们都没有找到吗？"所有的弟子都说："我们每个人都找遍了整个树林，但是却没有一片树叶是完美的。"最后，只有早早回到寺院中的弟子将一片树叶交给师父。方丈就问他："你确定这片树叶是最完美的吗？"弟子答道："是的，我觉得树林中所有的树叶都各有特色，但是我觉得自己捡到的是最完美的。"

最终，老方丈就宣布那个捡回树叶的弟子将成为自己的接班人。

世人崇拜完美已经到达登峰造极的程度，结果时时刻刻却为其所累，片刻都得不到安宁。然而，完美虽然极为美好，却不一定是我们所需要的，也不一定是最适合我们的。不可否认，追求完美是人的一种心理特点或者说是人的一种天性，按道理说，这并没有什么不好。人类也正是在这种追求中才不断地完善自己，创造出了这个五彩缤纷的世界。但是凡事都要适度，如果因为残缺那么一点点而耿耿于怀或顽固到底，就大可不必了。世界上100%的完美根本就不存在，我们所谓的完美只是一句极具诱惑力的口号。

原来，正是失去才令我们完整。所以，不必要求太高，不必非要完美。享受着路边美景的旅途才是真正的旅途。

人生来什么就品味什么

《菜根谭》里有这样一副对联：宠辱不惊，闲看庭前花开花落；去留无意，漫随天外云卷云舒。这是告诉我们，为人处世，要能够视宠辱如花开花落般平常才能够不惊，视名利如云卷云舒般变幻才能够惬意。这是一种极高的人生境界，说来容易，做起来难。谁能够保证这一生都做到不忧不惧，不悲不喜呢？许多事情，我们只能够面对，却是无力改变的。所以，想要活得轻松自在，活得幸福快乐，就应该学会顺其自然，顺着自己的心意、心境，跟着自己的感觉走。

世界著名的迪士尼乐园经过几年精心的施工准备，马上就要对外开放了。但是作为迪士尼乐园的设计师格罗培斯却备感焦虑，他在为各个景点之间的路该如何连接而发愁。

那一天，他独自一人驾车来到地中海海滨，想给自己放松一下，好让自己在轻松的状态中找出一个好的设计方案。汽车就在法国南部的乡间公路上自由地奔驰着，这里漫山遍野都是当地农民的葡萄园。

当他的车子拐进了另一个小山谷的时候，发现里面停着很多辆车。于是，他就好奇地下了车，看到一些人拉着篮子在葡萄园摘葡萄。原来，这是一个无人看守的葡萄园，你只要在路边的箱子里投5法郎就可以摘一篮葡萄上路。

格罗培斯看到葡萄园的这种做法，一下子有了灵感。原来，这位葡萄园的主人因为年事过高，无力照料这个园子，才想出了这个办法。令人不可思议的是，在这个盛产葡萄的地区，他的葡萄总是最先卖完。这种给人自由，任其选择的做法让格罗培斯触动很大。

回到家中，他就找到了施工部，让他们在园内撒上草种，并且准备提前开放迪士尼乐园。在迪士尼乐园提前开放的半年里，草地上出现了许多小道，这些踩出的小道有宽有窄，幽雅自然。第二年，格罗培斯让工人按这些踩出的痕迹铺设了人行道。后来，在1971年的伦敦国际园林建筑艺术研讨会上，这个迪士尼乐园的路径设计被评为世界最佳设计。

任何事物都有自己独特的风采和特点，我们如果依照个人的意愿只会抹掉其本来的面目，毁了它原本的价值，还不如顺其自然，这也是我们对待人生的一种极好的态度和方法。

一位作家曾说："在人生里，我们只能随遇而安，来什么，品味什么，有时候是没有能力选择的。学会随遇而安，你能够轻松地挫败生活中许多看似不可战胜的困难。这是面对生活最为强硬的方式。"是的，在很多时候，逃避根本不是最好的方法，转身也不一定是软弱，面对人生的各种境遇，没有必要委屈自己，也不必为之感叹、抱怨和痛苦，无论来去与否，无论漂流到何方，任你红尘滚滚，我自朗月清风。人生本就很短暂，何不让自己活得自在些呢？

第二章

简单能生福：

粗茶淡饭是真味，平平淡淡才是福

　　简约能衍生出快乐，简单的生活才是最为真实而有味道的。所以生活中，我们无须奢求华屋美厦，无须垂涎山珍海味，更不要追名逐利，不为外物所诱惑，追求一种简单朴素的生活，才能感受到生活的真实和快乐，才能拥有充实而富有的生活。

　　当然了，追求简约并非让你放弃原有的一切，而是要真诚地面对自己的内心，明白生活中自己真正需要的是什么，去除不必要的物欲，才能感受到幸福的真谛与生活的轻松和快乐。

从明天起，做一个简单的人

　　喜欢海子的人，大都喜欢他的《面朝大海，春暖花开》。"从明天起，做一个幸福的人，喂马，劈柴，周游世界；从明天起，关心粮食和蔬菜；我有一所房子，面朝大海，春暖花开……喂马、劈柴，周游世界，关心粮食和蔬菜……"这些最简约的因素，构成了最令人向往的幸福生活。

　　其实，真正幸福和快乐的生活都是最简约的。简约的生活让人珍视人与人之间最朴素的情感，能够体验到生活之中蕴涵的幸福、快乐和轻松。相反，富足奢华的生活带给人的只有疲惫与劳累，一句话，简单的生活更能够让人认识到生命的真谛所在。

　　简约的生活是幸福和快乐的源泉，而奢华的生活只会让人的心灵疲惫至极，是滋生痛苦和烦恼的温床。为此，要想快乐，就从明天起，做个简单的人，让生活回归简单，腾空心灵，从平淡中感受快乐和幸福。

　　做一个简单的人，就要勇于抛开世俗的烦恼，在心中给自己留一片空白之地，随心所欲，做自己想做的事情，饿了吃饭，困了睡觉，听风声听雨声，看海看流星，快乐就笑，伤心就哭，不强求，不苛求，一切顺其自然。

　　做一个简单的人，就要清心寡欲。少谈妄想，少谈后悔，昨天已经成为永久的过去，只是回忆，切莫后悔。而明天还未到来，一切都是无法预料的，不要有过多的担忧和妄想。亲人、朋友、爱人都会有分开的时刻，学着看透一切，看淡一切，才能让心悠然自得。

　　做一个简单的人，哪怕太过天真。就像孩子一样，能快速地忘却过往的疼痛，对明天也无太多的疑问，无欲无求，只享受当下的快乐。我们无

26

法回到童年，却可以改变自己的心境。可以一个人看电影，一个人慢跑，一个人听着歌睡着。用一个孩子的本能，说着实现愿望的可能，只要相信自己，你便是快乐的。

做一个简单的人，不需要天分，只需能够拿得起放得下，懂得用心感受蕴藏在真实生活中的小感动，能够在梦中忘掉所有的烦恼和痛苦，一觉醒来，重新给自己一个新的希望，在奋进的过程中不断感受幸福和快乐，你便是惬意的。

从明天起，做一个简单的人吧！简单是一种生活态度，是一种自我快乐的方法，是心灵独立自由的旅行。

善待自己，就选择简约的生活

我们的生活之所以变得繁杂，大多源于对物质的无尽追求。我们的物质生活比之前更为丰富，但我们却感受不到丝毫的幸福和快乐。所以，崇尚简约，已经成为现代社会人们的一种追求。

一位亿万富翁曾经给他的儿子写过一封信，其中有段这样的话。

简约是一种理智的生活态度，是一种豁达的人生情怀。因为，简单的人能够摆脱世俗的限制，而回归人性的真实。懂得有所约束的人，能够在阅尽纷繁后自我沉淀，得到独属于他的人生。要记住，简约是一种难得的清醒，它尝试着为心灵减负，享受着生活的乐趣；简约也是一种淡泊明志的修行，它不为名扰，不为物忧。而简约的生活是不受羁绊的，始终循着自己的方向，远离复杂，随处安然。如此，福气至深。

的确，生命本就应该以一种简单的方式来经历。人活得越复杂，越不能挥洒自如。精神的富足能够让平凡的日子精彩。就像对于艺术品来说，简约精致往往比华丽繁复更能震撼人心。正如美国作家丽莎·茵·普兰特所说的那样："当你用一种新的视野观察生活、对待生活时，你会发现许多简单的东西才是最美的，而许多美的东西正是那些最简单的事物。"

有一位诗人一生都在追求心灵的富足，从不在乎外界物质的多寡。为了追求心灵上的富足，他不断地从一个地方到另一个地方。他的一生都是在路上，在各种交通工具和旅馆中度过的。当然这也并不是说他自己没有能力买一座房子，这只是他选择的一种生存方式。

后来，由于他年老体衰，有关部门鉴于他为文化艺术所做的贡献，就给他免费提供一所住宅，但是他拒绝了。理由是他不愿意让自己的生活有太多的"选择"，他不愿意为外在的房子、物质等耗费精力。就这样，这位独行的诗人，在旅馆中和路途中度过了自己的一生。

诗人死后，朋友在为其整理遗物时发现，他一生的物质财富就是一个简单的行囊，行囊里是供写作用的纸笔和简单的衣物；而在精神方面，他给世人留下了十卷极为优美的诗歌与随笔作品。

这位诗人正是勇于舍弃了外在的物质享受，选择了一种简约的生活，最终才丰富了精神生活，为人类做出了巨大的贡献。他的人生是一种去繁就简的人生，没有太多不必要的干扰，没有太多欲望的压力，是一种快乐而又纯粹的人生。

简约是一种积极、乐观的生活态度，对就对了，错就错了，爱就爱了，恨就恨了，没有太多的计较和周折，也无须用太多的时间去翻来覆去地更改。简单就是要学会舍弃，既然我们的双肩载不动那么多的金钱、名誉、地位、情感、哀愁和怨恨，那就果断地舍弃吧。轻轻松松地上路，多一些时间来听花开花谢，多一些时间看日出日落，多一些时间走向心中的远方，不是很好吗？只要奉行了简单的准则，就能够摆脱心灵的污染，发觉点滴间存在的快乐与幸福。

一切繁杂都要归于简单

世间的一切绚烂，最终都要归于简单和平淡。试想：就算你拥有了全世界的财富，无非也是一日三餐。就算你住着再奢华的豪宅，到头来也只是睡一张床。就算你每次可以点一百道菜，又能吃多少呢？最多也是撑饱一个胃。

人们匆匆忙忙，追功名，逐富贵，尽管功成名就，家财万贯，最终都要两手空空离开尘世，一切皆为虚妄。无论你一生经历了多少的悲伤、快乐，得到了多少，失去了多少，到死亡的时候，都是一个样子。死亡会让生命变得公平，在死亡面前，没有富人和穷人之分，有钱人不会比贫穷的人死得舒服。总之，所有的功名利禄皆为浮云，人生所有的繁杂最终都要归于简单。

所以，那些看透了人世繁华的人，都推崇过简单的生活，只有简单的生活才能让心灵少一些负累，才能让自己更快乐和自在。

著名国学大师南怀瑾将大部分的钱和时间都用于文教事业，自己却过着十分简朴的生活。在饮食方面，他并不追求美味佳肴、山珍海味，每天只吃两碗红薯稀饭。在穿着方面，他也追求简单。除了在正式场合穿西装、皮鞋之外，平时也只是穿一身老式长袍，穿一双圆口的平底鞋；在天热的时候，也只是穿一件老式对襟短褂。

在社交方面，他也力求减掉一些不必要的应酬。因为他是名人，很多组织都会千方百计请他来壮声势、拉名气，每当遇到这些毫无意义的应酬时，他都会断然拒绝。这样，他每天除了工作，就是看书。生活简单了，自然也就能收获很多好心情。

生活中的许多快乐和幸福都是由简单衍生而来的，生活简单了，心里的负累就少了，那么，你获得的自由和快乐就会多一点，心情自然就能好很多。

生活之中，越是简单、平淡无奇的东西，越是我们不可缺少的。比如空气、阳光、水源、食物……这些东西看似平淡，看似简单，却是我们一刻也不能缺少的。相反地，别墅、汽车、金钱、珠宝……这些看似光彩夺目、诱惑人心的东西，却能给我们招致无数的痛苦和烦恼。

拥有归零心态，随时重新开始

当一个人心灵澄澈，遍体通明之时，就会眼光如炬，对世事明察秋毫。

"空"与"零"其实都是简单的，二者也是息息相关的。心灵上的清"空"有利于生活中的"归零"。"归零"也就是清空过去，一切从零开始。我们的人生无论是处于顺境还是逆境之中，都要拥有一种"归零"的心态，这样才能更淡然、从容。在顺境中"归零"可以让自己戒骄戒躁，不将成绩当成是"包袱"；处于逆境中时，及时"归零"，能够让自己摆脱各种顾虑，重新起步迈向新的辉煌。

刘斌毕业于一所著名大学，刚到单位就心高气傲，但因为缺乏经验，工作频频出错，经常受到领导的批评。为此，他每天都闷闷不乐，内心郁闷至极。后来，他找到一位著名的企业家，向对方请教成功的秘诀。

刘斌就将自己当下的不如意全部说了出来，企业家听后只是笑了笑，并没有说什么，而是随手拿起一个装满茶水的杯子，放在刘斌的面前，然后，又从旁边提来一壶茶，慢慢地往玻璃杯中倒。就这样一直倒着，水已经溢出来流到了地上。但是，企业家好像并没有停止的意思，直到刘斌惊讶地喊出来："您别倒了，再倒就浪费了！"

企业家这才慢慢地收回茶壶，说道："你的话正是我所想说的，这杯茶和我想教给你的东西是一样的——就是浪费。你已经像这个杯子一样装满了太多的傲慢和清高，已经容不下其他任何东西了。还是先把你内心的一些思想垃圾清空以后，再去装其他的东西吧。"

听罢，刘斌终于明白了企业家的真正意思，从此不再怨天尤人，及时调整了心态，顿时觉得自己做的工作原来是如此有意义。不久之后，在工作中做出了一番成绩，擢升为部门经理。

刘斌因为及时"清空"了自己，戒除了浮躁和傲慢，最终才取得了成功。郁闷，是暂时的状态，却是永久的束缚。一个人只有及时走出郁闷和烦躁，随时以全新的面貌和心态去对待工作和生活中的事情，才能及时摆脱束缚，不断迈步向前。

生活之中，我们常怀归零心态，才能获得更多的幸福和快乐。昨天的成功归零了，就不会膨胀自己；昨天的失败归零了，就不会责怪自己；昨天的欲望归零了，就不会压抑自己；过去的敌视归零了，就不会有更多的仇恨来折磨自己……没有了如此多的膨胀、责怪、压抑、折磨，你一定能获得更多的快乐。同样地，只有你拥有"空杯"心态，才能够接受新的思想。清空了昨天的烦恼，才能够迎接明日的阳光；清空了过去的失败，才能够品尝到成功的甘甜……要知道，所有的成功或者失败永远只能代表过去，一个人若是长久地沉迷于以往的回忆之中，那他就很难进步。对于一个有远大志向的人来说，成功永远在"下一次"。保持"归零"心态，及时清空自己，才能不断发展创造新的辉煌。

记住，永远不要把过去当回事，一切要从当下开始，这样才能不断地超越自己。当"归零"成为一种常态、一种延续、一种时刻要做的事情的时候，你也就完成了人生之路的全面超越。"归零"心态并非是一味地否定过去，而是要怀着放空过去的烦恼的一种态度，去接受和融入新的环境，以全新的眼光去审视新的事物，使人生向更高的层次迈进！

人生只以活着为目的

人生是人类永恒的哲学话题。人为何要活着？人生的意义是什么？活着的目的是什么？有的人以享乐为目的，有的人以服务为目的，有的人则是以追求真善美为目的……不同的人有不同的看法。然而，这些都是对人生目的太过深沉而严肃的看法，是将人生复杂化了，进而使我们在人生的旅程中背负了过多的思想包袱，不能够轻快地前进。

在一堂哲学课上，老师正在给学生们讲《庄子》。突然，一位学生提出了这样的问题：人生是以什么为目的活着的？

老师笑了笑，说道："我今天活着是为大家讲《庄子》为目的的，中午饿了吃饭，是为吃饭而活着的，晚上睡觉也是为睡觉而活着的。人生的目的是什么？每个人从妈妈的肚子中出来前，没有一个人会问：我为什么要生出来？我生出来的目的是什么？没有一个人是问明白了才出来的。所以，我们活着是单纯地以活着为目的的，没有其他的答案。"

"天下熙熙皆为利来，天下攘攘皆为利往"。人生充满了各种各样的"目的"，这样就将人生复杂化了。然而，这位老师则是抛开一切的繁杂之念，简简单单一句"活着只以活着为目的，没有其他的答案"精练地概括了人生的真实意义。他的看法可谓指出了生命的真谛。这种大彻大悟的人生真理其实是在告诉我们，凡事都要以一颗平常心来对待，不要将本来简单的问题复杂化。

关于此，有这样一个故事。

寺院中，一个小和尚向一位德高望重的老禅师请教："什么是修行呢？"禅师说："困来睡觉，饿来吃饭。"小和尚十分奇怪地说道："如此简单的事情，每个人每天都在做，怎么就是修行了呢？"

禅师说道："每个人都能够吃饭，但是却不会好好地吃饭，千方百计去计较；每个人都会睡觉，但是却不懂得如何好好睡觉，心中充满了百般的思虑；过于计较，过于思虑，人只会被内心的这些虚妄的杂念所困扰，就失去了自我，生命也失去了本有的意义，人也沦为杂念之奴了。"

其实，禅师的意思是说：事来就应，用心做好和应对生活中的每一件事情就是修行。过于思虑，过于计较，只会让你的人生变得复杂，让自己沦为杂念的奴隶。

人生只以活着为目的，我们只需好好地接受并做好眼前的每一件事，不苛求，不计较，不思虑，便是人生的真实意义。其实也是告诉我们，要以一颗平常心去看待世间万物，得意时不忘形，失意时不悲观，在任何生存状态之下，都要以一颗平常心去感受那份"闲看庭前花开花落，漫随天外云卷云舒"的自在与惬意。

保持一颗平常心，不被"八风"所困

凡事保持一颗平常心，便是人间自在人。何谓"平常心"？即一种虚无自然、清静无为的心态。凡事保持一颗平常心，说起来很容易，做起来却是极为困难的。大文豪苏东坡就说过，要保持一颗平常心是极不容易的。

苏东坡当年在江南的时候，与佛教弟子佛印交往甚密。两人隔江而望，经常来往交流学问。

　　有一次，苏东坡到佛印的庙中拜访他。当时佛印刚好不在，苏东坡就独自一个人去参观佛堂。当他看到佛堂里威严端坐的佛像，便诗兴大发，跟庙中的小和尚要来笔墨，当场一挥而就："稽首天中天，豪光照大千。八风吹不动，端坐紫金台。"写完之后，内心十分得意，就请小和尚务必要把这首诗转交给佛印，让他看看自己是否真正领悟了佛家的真理。

　　佛印回来之后，立即看到了苏东坡的诗句，二话不说，便在他的诗旁边写下了两个字：放屁！随即就让小和尚将诗送给苏东坡。苏东坡看到这两个字后，立即火冒三丈，随口骂道："好你个佛印，不夸我诗写得好便罢了，如何要骂我放屁呢！"于是，就气冲冲地带着诗去找佛印理论。

　　佛印一见苏东坡，便哈哈大笑起来，说："你不是八风都吹不动吗，怎么被我的'一屁'吹过江来了呢？由此可见，你还没能领悟佛家的真理啊！"苏东坡一听，随即也哈哈大笑起来，才深刻领会了老朋友的用意。

　　其实，这里的"八风"主要是指保持一颗平常心的八项标准，也是佛家所讲的不被利、衰、称、讥、誉、毁、苦、乐（顺利、衰败、称赞、讥讽、名誉、诋毁、困苦、快乐）所困扰的一种淡然的心态。

　　在如今的社会中，很少人能够不被这"八风"所困，所以，保持一颗平常心，是极困难的事情。就以"名利"为例，我们对他人的评价或者对物品的评估，大都是以金钱为标准，认为越有钱就越成功，越昂贵的东西就越有价值，这其实是拜金主义的泛滥。要知道，世间的大富大贵为数不多，只有那些把握好天时、地利、人和，还必须要拥有超人的智慧和勇气的人，才能获得，而我们平常人则很难抓住。当欲望得不到满足时，内心就会滋生诸多的烦恼和不甘，最终置自己于苦海之中不能自拔。

　　不可否认，生活中，每个人都难免会流于世俗，也不可能完全不受"八风"所困，但是，我们要时时自省，并在自省中炼出一种"顺其自然"的平常心态。无论遇到什么，都不去计较得失；无论事态如何演变，都能够平静面对。具体来说，要努力做到以下几点，你便能安然自在。

其一，为善不执。就是说，在自己布施行善之后，不能执着地想要得到回报。要知道，内心有执念，心中就必定会有障碍，有了执念，心中就会有所期待，当所有的期待落空，就会感到失望，甚至还会恼怒和不安，内心就无法平静。布施行善之后，不求回报，不执于心，心中无施者、受者以及无施物的清净，就是平常心。

其二，老死不惧。要知道，生死轮回是自然常理，人难免会生病、衰老、死亡，面对此，如果我们能够心无惧怕，意不颠倒，安然自在，能有"死是生的开始，生是死的准备；生也未尝生，死也未尝死"的观念，便拥有了一颗平常心。

其三，逆境不烦。所谓"月无日日圆，人无日日顺"。当我们处于逆境中时，要看清楚忧虑，随着忧虑而起舞，能够泰然处之，不为杂念所困，不为顺逆所动，忘掉对手，忘掉胜负，以自然的心态去对待它，就是平常心。

"人若无求，心自无事；人若无求，心自平安"。只要我们内心时刻保持"无求、无取、无舍、无骄、无奢、无执着"的平和之态，简单地看待周围的事物，你就会获得无比的幸福与快乐。

要拿得起，更要放得下

生活中，不顺心的事情十有八九，要想做到时时顺心、事事顺利，就要在得到的时候不过喜，失去的时候不过忧，不仅能拿得起，更要能放得下。

其实，在生活中，很多人都容易拿得起，却很难放下。要知道，一个人拥有的越多，就越难以割舍，越难以放下。

有这样一个故事。

在艾尔基尔地区，有一种猴子会经常到山下的农田中去祸害庄稼。其实，这些猴子也是为了维持生存不得已才到农田中去偷庄稼的，它们也是为了活命，为了能给自己多储备点粮食。

当地农民为了保护庄稼，发明了一种极为特殊的捕捉猴子的方法。在一个的瓶颈、大口的容器中放一些玉米进去，这些瓶子的颈刚好能够让猴子的爪子伸进去，但是当猴子一旦手中拿着玉米攥上拳头就出不来了。

利用这个方法，农民们捕到了很多猴子。每晚他们都将这种瓶子放在村口，第二天早晨起来，就能看到一些紧握拳头的猴子在那儿与瓶子较劲，但是不管怎么挣扎爪子就是出不来。其实，如果这些猴子能够示弱，学着放下手中的玉米，是完全可以逃走的，但是，它们因为得到了，却怎么也不肯松手，到最终只有被捕了。

在这里，许多人可能会耻笑猴子的贪婪，只要能够将手中的玉米放下就可以全身而退了，为什么要死死抓住不放，毁了自己呢？其实，现实生活中的人，又何尝不是如此呢？

每个人都不可避免地会遇到不顺心的事情，挫折、磨难、失恋、受到他人的指责、误解。我们会在心中解不开，放不下，会感到无精打采，不堪重负，甚至一味地消沉，如果我们能够及时放下，那些缠绕我们心灵的绳索不就能够自动解开了吗？要知道，只有放得下，才能让自己再度"拿得起"，才能让自己获得更多。

诗人泰戈尔曾经这样说："世界上的事最好就是一笑了之，不必用眼泪冲洗。"这是告诉我们，对于过去的一切无可挽回的损失，我们要及时放下，只有放下了，才能够让心灵获得永恒的自在，这是人生的真谛，也是生命存在的真正意义。放下被屈辱的仇恨，放下失恋的痛楚，放下心中难言的负累，放下对名利的角逐，放下对物欲的争夺……一念放下，就会万般自在。

一位哲学家说道："今天的放弃，正是为了明天的得到。"所以，在生活中，我们只有懂得放下，才能够让自己获得无比的快乐和自在，才能更好地拿起。

苦苦地挽留夕阳的，是傻子；久久地感伤春光的，是蠢人。什么也不愿放弃的人，常会失去更珍贵的东西。一个亘古不变的真理：拿得起，固然可贵，但放得下，才是快乐人生的真谛。

世事艰辛，人心险恶，做人就需要拿得起，放得下。拿得起在于不要随波逐流，保持自我；放得下在于通达世故，使自己免于伤害。只有放得下，才能将拿得起的东西更好地把握住，抓住生命中最为重要的东西。

将水倒掉一些，水就能沸腾

一位哲人说：再弱小的生命，只要能够将全部的精力集中到一个目标上，也会有所成就。再强大的生命如果将精力分散，最终也只落得一事无成。这就告诉我们，在追求成功的道路上，不要给自己设太多的目标，否则，你不仅会感到十分疲惫，而且还将一事无成。

一位青年每天都处于烦恼之中，因为自他大学毕业以后，曾经豪情万丈地给自己树立了许多目标，但是几年下来，依然一事无成。

于是，他就向一位智者求教。智者听了青年的苦衷以后，就指着放在墙角的一把大水壶，对他说道："你先帮我烧壶开水吧。"

青年就拿起水壶，放在旁边的一个小火灶上面，但是却发现没有柴火，于是便出去寻找。

他从外面拣了一些枯枝回来，装满了一壶水．就放在灶台上面，并且在灶内还放了一些柴。一会儿，柴火便烧了起来。但是，因为水壶太大，那捆柴烧尽了，水还没有开。于是，他又跑出去继续找柴火，回来的时候，那壶水已经凉得差不多了。这时，青年变聪明了一些，没有急于点火，而是再次出去找了一些柴回来，因为柴准备得比较充足，没一会儿工夫，水就烧开了。

智者就问他："如果没有足够的柴火，你如何把水烧开呢？"

青年想了一会儿，摇了摇头。

智者说道："如果那样，你就把水壶中的水倒掉一些吧。"

青年若有所思地点了点头。

智者接着说："你一开始就踌躇满志，树立了太多的目标，就像这个大水壶装了太多的水一样，而你又没有足够的柴火，所以，不能把水烧开。当然了，你要想把水烧开，可以倒出一些水，或者先去准备更多的柴火。"

青年顿时恍然大悟，他回去之后，便把自己原本列出的诸多的计划划掉了许多，只留下自己最想实现的那一个。几年之后，他果然做出了一番成就。

只有删繁就简，给自己一个明确的目标，才能一步步地走向成功。万事挂怀，只会让你半途而废。此外，我们也只有不断地拾捡生命的"柴火"，才能使人生不断加温，最终让生命沸腾起来。

要知道，人的精力是十分有限的，只有集中在一个目标，才能将自身的精、气、神集中于一起，才更容易将目标变成现实。

有人曾经问爱迪生："成功的第一要素是什么呢？"爱迪生这样回答说："将你身体与心智的能量锲而不舍地运用到同一个问题上而不厌倦的能力……我们每个人整天都在做事。假如你早上7点起床，晚上10点睡觉，你做事就做了整整15个小时。对于绝大多数人而言，他们肯定是在做一些事情。而我则是每天只做一件。"一个人想要在人生有限的时间中完成一流的事业，就必须学会有所选择，有所坚持，有所放弃，集中精力去专注地完成一件事情。

在现实生活中，有些人很是精明能干，每天总是忙忙碌碌，但是最终却一事无成。相反，一些看上去能力一般，没什么出众才能的人，却能够成就一番伟大的事业，这主要是因为他们能专注于自己的目标，内心从不彷徨和犹豫，能集中所有的力量奋斗到底。

一个人围着一件事情去转，到最后世界可能都会围着你转；但是一个人围着全世界去转，最终全世界可能会将你抛弃。在前进的道路中，一切浅尝辄止、见异思迁者因为不懂得化繁就简，最终也收获不到成功的果实。只有学会及时舍弃，并全身心地投入到一个"目标"中去，不轻易放弃，也不轻易改变前进的方向，才能取得惊人的成就。

简单才能衍生快乐

著名作家刘心武说："在色彩斑斓的现实生活中，我们一定要记住一句话，那就是活得简单才能体味出更多的快乐来。"的确，简单可以衍生出诸多的快乐，它是一种美，是一种朴实且散发着灵魂香味的美。

现实生活中，我们时常会感叹生活太过沉重，感到心灵疲惫不堪。有时候会禁不住问自己：是自己缺乏精力和热情去承受生活，还是生活本身就是沉重不堪的？

一个刚刚大学毕业的青年人，走入社会后，因为遇到了工作和感情上的种种挫折，时常感觉心灵疲惫不堪，于是，就问智者：生活为何如此沉重？

智者听罢，就给了他一个篓子，让他背在肩上并指着前面一条沙砾路说："你每走一步就捡一块石头放进去，最后体会有什么感觉。"

39

年轻人就背上篓子，一路不停地拾捡。走到尽头，他就回过头来对智者说："越来越沉重了！"

智者说："这也就是你为什么感觉生活越来越沉重的原因。每个人来到这个世界上时，都会背着一个空篓子，然而我们每走一步都要从这世界上捡一样东西放进去，所以才有了越来越累的感觉。"

其实，生活原本是轻松的，我们并非缺乏热情和精力去承受生活，而是我们的生活太过复杂。我们的周围处处都充斥着金钱、功名、利益以及各种新奇和时髦的事物……被这些复杂的生活所牵制，我们的心灵能不疲惫吗？

梭罗有一句感人至深的名言："简单点儿，再简单点儿！奢侈与舒适的生活，实际上妨碍了人类的进步。"在长期的生活中，梭罗发现，当他在生活上的需求简化到最低程度的时候，生活反而是充实的，因为他无须为了满足那些不必要的欲望而分散自己的心神。

的确如此！简单的生活，是最为充实和精彩的。生活在简单之中，与灯红酒绿、推杯换盏、斤斤计较、欲望和诱惑隔绝，不必再去挖空心思依附权贵，不必再去贪图金钱，用不着在乎他人的眼神。没有锁链的心灵，是快乐而自由的，你可以随心所欲，想哭就哭，想笑就笑，简简单单地存在着，又何尝不是一种惬意呢？

简单的生活是精彩的，它抛却了无谓的忙碌、贫乏、迷惘，能让你全身心地投入，真切地品尝到生活的真滋味，能让你体验到生命的激情和至高境界。

简单的亲情是美好的，只需常打打电话，常回家看看，虽不能常聚，但却能彼此牵挂，能有福同享，有难同当。犹如春风化雨般，是滋润的、温馨的，简单而真挚，弥足珍贵，是自己最为坚强的后盾，让自己在遇到困难或挫折时也能感受到温暖，获得力量。

简单的友情是最珍贵的，在你迷惘的时候，能为你指点迷津；在你失意落魄的时候，能安慰你；在你春风得意的时候，能提醒你把握好人生的航向……

所有的简单都是美丽的，因为简单，才能让我们领悟到生命之轻，轻如飞花，轻似落霞，轻如雨丝；因为简单，才让我们深切地洞悉心灵之静，静如夜空，静似幽谷，静如小溪。世间一切的简单都蕴涵着最为淡泊与宁静的真实和快乐。

简单，是生命留给这个世界最为美丽的形式，它是安详的、和谐的，是最为自然和快乐的状态之一。要想更真切地体味生命的快乐，就试着让自己的生活和心灵回归到一种最为简单的状态吧。

简化日程表，给心灵放个假

随着当下社会竞争的日益激烈，人们的生活节奏也越来越快，很多人都被满满的"日程表"牵着走。这些日程表上面，写满了每天自己必须要做的事情，它占据了我们生活的中心。当我们把主要事情做完，想松懈一下时，却又被无休止的电视、网络游戏以及娱乐活动所占据。很多人觉得自己活得越来越压抑，越来越找不到自己心灵的空间。与其这样苦苦地折磨自己，不如随意一些，将这些"日程表"进行简单化，适度地给自己的心灵放个假。

艾琳·詹姆丝是美国著名的作家，她一生都在倡导过一种简约的生活。她认为人只有过简约的生活才能活出生命的真色彩来。

其实，艾琳·詹姆丝在年轻的时候是一个投资人兼一个地产公司的投资顾问。这两种工作每天都使她陷入忙碌之中，乱七八糟的事情塞满了她在清醒状态下的每一分钟。在这种生活持续了几十年以后，突然有一天，她觉得她再也无法忍受了。那一天，她呆呆地静坐在自己的办公室中，望着眼前写得密密麻麻的事宜和日程安排表，她突然觉得这是一种最为愚蠢的生活状态。

也就是在这个时候，她做出了一个决定：简化日程表，给心灵放个长假。

接下来，她就拿起日程表，把里面原本的八十多项内容，简化为十多项。她取消了当日所有的电话预约，并将堆积在办公桌上所有的文件全部清理掉，就连信用卡，她也几乎全部注销掉了，为的是不让无休止的银行账单函件来打扰自己。

就这样，她通过改变自己的日常生活与工作习惯，使她的房间以及庭院的草坪变得更加简约、整洁。简化之后，艾琳·詹姆丝得到了更多空闲时间，心灵也得到了休整，整个人顿时变得快乐起来。

艾琳·詹姆丝曾经在自己的作品中这样说道："我们的生活已经太过复杂了。在人类的历史进程中，从来没有如我们今天这个时代拥有如此多的东西。这些年来，我们一直被外在的物欲诱导着，我们误以为自己只要努力就一定会拥有一切东西，但是，这些东西事实上却让我们沉溺其中并且心烦意乱，因为它们让我们失去了创造力。与其这样忍受折磨，不如舍弃这些东西，给自己的心灵多腾出时间来休个假，这样才能使我们的创造力永远旺盛。"

现代社会中，又有多少人被这无休止的日程表包裹着压得喘不过气来。现在你也完全可以反思一下自己，在你每一天的生活安排中，哪一件事情是必须要勉强去做的，哪些是生命中无须去追求的？追求外在的面子和烦琐的例行公事是否让你的生活也陷入浪费时间、浪费精力的陷阱中呢？其实，如果我们能够及时减少那些程式化的工作或日常活动，并不会因此而减少让自己获得快乐的机会，因为我们的内心已经养成了一种忙碌的习惯，习惯会使我们的内心无法停留。

在生命的每一天，习惯会促使我们去处理所有烦琐的事情。我们总是担心，如果不去做，就一定会失去什么。其实，如果简化自己的日程表，我们的确会失去什么，但是这并不能影响到生命的精彩。我们至少还可以好好地活着，不仅是好好地活着，而且还是活得更潇洒、更惬意了，因为我们再也不用费尽心机去处理所有的事情。那些对人类艺术领域做出过特殊贡献的人，比如毕加索、梵高、贝多芬等，都是生活在极为简单的生活状态之中的。也正是极为简单的生活状态让他们能够静下心来挖掘到灵魂深处的创造源泉，才让他们获得了极为丰富和精彩的人生。

生活中，如果你时常感到心累，那从现在开始就学着去清醒，勇于简化繁忙的日程安排，放下该放下的，让自己的心静下来。久而久之，养成习惯，你就能收获快乐惬意的人生。当然了，你还可以适当地种点花草，读点诗书，画幅画，写写文章，让自己的心灵充分地享受生活的阳光雨露，那么，你定会收获精彩的人生。

生命只在一呼一吸之间

生死问题从来都是人生永恒的话题。很多人都会在生的时候畏惧着死，将死的时候惦念着生，这是我们凡夫俗子的最大心病。然而，佛家宗衍禅师说道："人之生灭，如水一滴，沤生沤灭，复归于水。"这是告诉我们，生死是自然规律，是生命的两种不同的形式，我们不要将其看得太重，要注重其间的过程，生不贪求，死不畏惧，这样才能乐观达命，才能顺应自然，安然和谐地度过生命的每一天。

关于生死，老子也提到"物壮则老，老则不道"，是指一个东西壮大到极点，自然要衰老，老了表示生命要结束，而预示另一个新的生命就要开始了。用通俗的话说，真正的生命不在于现象上的生死，而在于灵魂和精神的存在意义。所以，我们要看透生死，将生死看成一个自然的过程，一切顺应自然，不苛求，重生乐生，这样才能不被后天的感情扰乱。

有一次，如来智者将所有的弟子叫到法堂之前，问："你们天天托钵乞食，究竟是为了什么呢？"

一位弟子不假思索地回答说："世尊，是为了滋养身体，保全生命啊！"

智者就问道："那么，肉体的生命能维持多久呢？"

一个弟子迫不及待地回答说："同俗之人，有情有欲，这样的生命平均有几十年吧。"

智者听了，立即摇了摇头说道："你并没有真正地领会生命的真相是什么。"

另一个弟子想了想，回答："人的生命就在于春夏秋冬之间，春季萌发，夏日盛开，秋季零落，冬日归于尘土。"

又一个弟子说道："生命其实犹如蜉蝣一样，朝生暮死，不过是一昼夜的时间而已。"

智者笑了笑，仍旧摇头道："你们觉察到了生命的短暂，然而，这也只是表面的现象而已。"

弟子们都开始思索，有一个抬起头说道："其实，生命也就像荷叶上的露珠一样，看起来晶莹美丽，玲珑剔透，但是一旦触及阳光，就会干涸，就像没有存在过一样。"智者笑而不语。

这个时候，一位小弟子简单地说道："依我看，人的生命只存在于一呼一吸之间吧。"

智者听到了连连点头，说道："对了！人的生命只存在于呼吸之间，这正是生命的真谛。这一呼一吸就是人的生命，不要以为生命是可以用一瞬间或者蜉蝣的一昼夜或者花草的一季节来衡量，它更不是烦恼丛生的几十年，而只在于一呼一吸之间。"

生命只在于一呼一吸之间，可谓精辟地道出了生命的真谛。这也告诉我们，人生的下一秒是难以预料的，一息不来就是隔世了。唯有珍惜当下的时光，不被功名利禄、荣华富贵等外在的物欲所羁绊，注重内心的涵养，才能不留遗憾。

人的生命只是一个过程，生与死也只是人生旅途中的一个大转折，都是生命不可或缺的一部分，懂得了这些，便不会再对死心存畏惧，对生过于留恋，淡然地看待一切，安乐地过好生命的每一天。

著名国学大师南怀瑾是一个看透生死的人。他有一位好朋友，因为年纪大了，生病住进了医院。突然有一天，对方打电话跟他说，自己可能马上要离开人世了，望能最后见一面。南怀瑾就急切地赶到医院，见到这位朋友。朋友说道："这几年受你的影响，对生死看淡了。不过，有一件事情我还是放心不下，死后是土葬还是火葬，我还有几万块钱可以打理丧事。"

一听这话，南怀瑾有些恼火，告诉朋友说："你学佛几十年，写了那么多的书与文章，应该悟道了，怎么临了还想不通呢？佛说一火能烧三世业，你死了之后只剩下几根骨头，还装个棺材回家乡埋葬，为何不将这些钱用来做一些善事呢？当然选择火葬了。"

朋友勉强地点了点头，但是后来还是交代要土葬，把剩余的钱全部用掉。

事后，南怀瑾就大为感叹，认为这个朋友看不透生死，连最痛快的死都不愿意。对于生死，他的态度是"生则重生，死则安死"。就是说，我们活着的时候要健健康康地活着，死亡的时候就要痛痛快快地死。一个人在生的时候，要珍视生命的每一天，快快乐乐地活着。到死的时候，既不麻烦自己，也不拖累他人，痛痛快快地死去，这是人生最难求得的幸福。

其实，生活中如南怀瑾朋友一样看不透生死、对死亡存在恐惧的人有很多，他们生的时候不懂得好好地珍视生命，被过多的忧虑和痛苦所缠绕，而死的时候也不愿意痛快地死。生的时候带着种种的忧虑，如何能活得健康，活得潇洒呢？

人都不可能超越生死，而人的精神是可以超越生死的。所以，我们对待生命的态度应该如南怀瑾先生一样，生则重生，死则安死。生的时候尽心尽力，而为人之道，闻道且从，修身、齐家、治国、平天下，鞠躬尽瘁，乐天知命。到死时，便自然安息，安然无怨地接受死亡。这时候死亡便失去了它震慑人心的恐怖色彩，失去了玄而又玄的色彩，完全是一种自然的宁静安寂。如果针对生时的辛劳奔波而言，死亡所带来的甚至是人的永久安息，寂静安然，没有任何的牵挂和不安。

"一沙一世界，一叶一菩提"，生命的收与放，本质都是相同的。面对生死，悠然自得，便是真正懂得了生命。人生苦短，生命易逝，今天能健康、自在、安乐地活着，我们就没有理由不去珍重生命，热爱生活，好好地活着，过好生命的每分每秒。

第三章

知足能常乐：
事能知足心常惬，人到无求品自高

老子说："罪莫大于可欲，祸莫大于不知足；咎莫大于欲得。故知足之足，常足。"就是告诉人们，只有知足，才能常乐。知足的人因为不会盲目攀比而悠然自得，因为不会把目标设得太高而快乐常在，因为不去刻意追求完美而远离痛苦，因为不苛求自己而活得自在，不吹毛求疵而轻松无比。

知足，并非让人放弃自己的追求，而是对自己目前现状的一种肯定，能够珍惜自己拥有的幸福，因而能真切地体会到蕴藏在生活中一点一滴的快乐。

欲望是人生痛苦的根源

人们总是会为"飞蛾扑火"而叹息，总是会为"鱼儿上钩"而遗憾，其实静下心来仔细想想，人心中的疲惫和痛苦有多少是无尽的欲望所带来的呢？

柳英是位都市白领，高学历，高收入，而且人也长得很漂亮。每天上班都有不同风格的打扮。时髦得体的她，赢得了周围所有同事的称赞。在一片赞扬声中，她的欲望越发膨胀起来了，为了更引人注目，为了讲求品位，她不惜花大价钱去购买名牌时尚，去买名贵的珠宝，高档的箱包……然而，她的收入毕竟是有限的，对时尚的物质追求的强烈欲望，已经让她负债累累，每天都活在重压之下。

有一次，她与闺蜜聊天时说自己其实活在痛苦之中，别看她每天都以光鲜靓丽示人，但是内心却疲惫不堪。她开始不断地反省自己，超负荷地购买名牌，并没有让她真正地开心过。她很想快乐起来，但是却似乎被欲望牵着走了。

因为内心太过痛苦，她原本漂亮的容颜憔悴了很多，对生活彻底失去了兴趣，对工作也丧失了兴趣，每天都唉声叹气的，人也变得悲观了许多。

柳英的痛苦，完全源于她内心的欲望，高收入的她，本来可以过得很快乐、很自由，但是因为太过在意外在的形象，欲望太多，所以才会烦恼不断，痛苦不止，心灵疲惫不堪。

每个人可能都有过这样的体验：我们在童年时期，因为无所欲求，所以倍感轻松和快乐。成年以后，因为内心的欲望太多，为了填满它，每天都在不停地拾捡，以为自己捡到的都是好东西，殊不知捡起来的都是无尽的烦恼和痛苦。渐渐地，我们心中承载的东西越来越多，想拥有钱财、美色、饮食，想拥有权力、名望……凡是触及我们生活的东西，我们都想拥有，而当这些欲望一一得到满足之时，我们的内心就会变得异常的沉重，心中塞满了烦恼，快乐就消失了。所以，我们说，欲望是痛苦之源，只有及时消除欲望，才能让自己活得洒脱、快活。

当然了，我们说欲望是痛苦之源，并不是说要让人完全彻底地清除欲望。要知道，欲望也是人类前进的动力。我们要把握和控制好自身的欲望，使欲望既合理存在，又能够减少我们心中的痛苦，不应把生活目标定得太高，要适度。同时，在实现目标的过程中，也不要去侵犯多数人的利益，这样才能让自己不至于背负太多而愉快前行。

经常修剪欲望，才能获得宁静和快乐

欲望是人内心不清净的根源，欲望越多的人，贪心就越重，越容易患得患失。内心也必然会产生诸多的矛盾与冲突，而矛盾和冲突只会置人于不断的焦虑与烦恼之中。

人生本没有烦恼，所有的烦恼都是由内心的欲望所生。要想让自己获得宁静和快乐，就要经常地修剪内心的欲望。

曼谷西郊的偏远处有一座寺院，香火一直不旺。后来，来了一位新方丈。

这位方丈很是奇怪，刚到寺院中就开始不停地修剪寺院周围那些杂乱无章、恣意张扬的灌木丛。寺院中其他的弟子对此都感到不解。

这一天，一位富翁经过此寺院，方丈接待了他。喝完茶之后，方丈就陪富翁四处转悠。行走期间，富翁就问方丈道："人如何才能清除掉内心的欲望呢？"

方丈微微一笑，递给他一把剪刀，说道："只要反复修剪这棵树，你的欲望就会消除。"富翁就照着做了，一炷香的时间之后，富翁发现自己的身体舒服和轻松了许多。

然而，平日堵在他心头的那些欲望好像也并没有放下。

方丈就告诉他道："经常修剪就好了！"

从此之后，富翁每隔一段时间就会到寺院中来修剪灌木，一直把灌木剪成了一只大鸟的形状。

后来，方丈就问他道："你是否已经懂得了如何修剪心中的欲望呢？"

富翁诚实地回答道："虽然每次修剪的时候都能气定神闲，了无挂碍。但是回到自己的生活圈子中，心中的欲望就又开始疯狂地涨起来，让自己几乎失控。"

方丈就感叹道："施主，其实我建议您到寺院来修剪灌木只是希望您每次修剪前，都能发现原来剪去的部分都会重新长出来。这就如同我们的欲望一样，不可能完全地消除，我们能做的，就是尽力去把它修剪得更为美观一些。放任欲望，你的心灵就会像这满坡疯长的灌木一般丑陋不堪。只有经常修剪，才能使它们成为一道悦目的风景线。对于名利，只要取之有道，用之有度，利己惠人，就不会将之视作是心灵的枷锁。"

富翁顿时大悟。

从此之后，越来越多的香客都来这里修剪"欲望"，寺院周围的灌木丛也越来越壮观美丽了。

欲望如树，生生不息。永无止境，令人疯狂不止。过多的欲望只会束缚你的心灵，成为心灵的负累。如果再任其如野草般疯长的话，必定会将原本清净与安宁的空间全部挤占，让自己变成纯粹的欲望动物，陷入越来越多的烦恼与不安之中。

压力太大，会将我们压垮。欲望太多的话，也会将我们压垮。欲望出自于人的本能，太过压抑并非是什么好事。但是如果过多的欲望扰乱了我们的心神，让我们不得安宁，那么就是应该修剪的时候了。

禁欲是极端，纵欲也是极端。剪去狂躁，才能够冷静处事；剪去虚浮，才能够脚踏实地；剪去过多的贪欲，才能够保持清醒；剪去猥琐，才能不令人厌恶……剪去这些杂乱的枝蔓，才能拥有一颗宁静的心、一颗奋进的心和一颗愉悦的心。

不要让心灵承载太多的负担

外界的物欲，让现代人的心灵背负了太多的负担。正是这些欲望，将人们从幸福和快乐的生活之中剥离出来，变成一个超豪华的奴隶。每天都过着这样的生活，哪有什么幸福和快乐可言。当人们开始沉溺于这种物质生活品质，忽略了内心感受的时候，就真正与幸福分道扬镳了。

一位哲人曾说："眼睛不要睁得太大，且问，百年以后，哪一样是你的？"的确，我们生活中所苦苦追寻的东西，最终又有哪一样是属于自己的呢？只有心灵的轻松与快乐才是生命永恒的真谛，才能让生命焕发多彩的光芒。可以说，心灵是称量生命的天平。

现代社会，我们太容易被内心的欲望牵着鼻子走，得到了一些，还想得到更多，任欲望在内心肆无忌惮地疯长，这让我们的心灵负载了太多的负担，好像永远没有停下来的时候。"累！累！累！"成了我们呼之欲出的口头语。我们在欲望中痛苦地挣扎，不知如何解脱。

一位哲学老师给学生们上了难忘的一课。在课堂上，老师拿起一杯水，问学生："这杯水有多重呢？"多数学生回答，不过有100克左右而已。

"当然，它仅仅只有100克，那么，如果让你们端起这杯水，能端多久呢？"听到老师这么问，学生们都笑了说："仅仅100克水而已，能端着它坚持很长时间没问题！"

老师接着说："端着它坚持半个小时，我想大家肯定没有什么问题。如果端一个小时，大家可能都会觉得手酸；如果让你坚持一天，甚至坚持一个星期呢？那可能得叫救护车了。"

老师又讲道："其实这杯水的重量是很轻的，但是当你端得过久了，就会觉得沉重无比。这就如我们内心不断积累的一个个小小的欲望一样，无论它有多小，只要时间一久，终将成为心灵沉重的负担。

"如果我们能够及时地放下这杯水，休息一会儿之后再端起来，那么，你一定能够持续得更久一些。为此，生活中，我们一定要学会适时地放下心中的欲望，让自己的心灵有一个好好休息的时间，这样才能让生命持续得更长久一些。"

心灵的负累都是由一个个小小的欲望积累而成的，我们要让心灵获得轻松和快乐，就要学会适当地放弃，适当地放下心中负载的欲望包袱，轻装上阵，这样才能让自己走得更远。就如同一张拉开弦的弓，如果绷得太紧的话，很容易折断，只有恰到好处，你的利箭才能够飞得更远，最终射到自己的目标。

心中多一份欲望，生命就会多一份痛苦；心中多一份舍弃，生命就会多一些快乐。当你感到心累或者痛苦的时候，要问一下自己，百年以后，哪一样是自己的？这样就会让自己放慢追求的脚步，丢弃一些欲望，让自己获得恒久的快乐。

只要缩减内心的需求，就会非常地富有。

拉尔夫·沃尔多·爱默生说过，我们只要缩减内心的需求，就会非常地富有。这一告诫可谓洞穿肺腑之言，一语道破了富有的真谛。如果我们不能够把握自己的需求，需求就会把我们当成它手中的玩物。我们对待自己内心的欲望就要像对待孩子一样，必须要在理解的基础上严加约束。

在不知足者的眼中，总会发现生活不和谐的地方，其实真正的不和谐在于内心的欲望与现实不和谐，在于心中不应该拥有太多的欲望。

有一位漂亮姑娘与一个穷小子结了婚，婚后，两人的生活虽然清贫，却非常幸福。有一天，这位姑娘认识了一位非常富有的年轻人，年轻人的甜言蜜语打动了她的心。交往一段时间之后，这位富有的年轻人对她说道："我们这样天天担惊受怕，不如离开这里，到新的地方开始我们的幸福生活。"

听了对方的话，女人觉得很有道理，她早已经受够了这样的生活，就趁丈夫外出之时，将家里所有值钱的东西都拿走了，并到港口与那位富有的年轻人会合。这位年轻人对她说道："我不想让你跟着我受苦，你先把你的东西给我，等我到了一个地方，安顿好之后，就回来接你。"

女人听信了对方的话，将身上所有的财物都给了他，自己只是傻傻地待在原地等待。没想到，一天、两天，一个月过去了，年轻人就这样一去不回了。这位女人在外面又饿又冷，但是不敢回去。有一天，她在街上看到一只大狗衔着一只鸟从她面前跑过去，那只鸟还在奋力挣扎。谁知那只狗跑到水边，看到水中有一条鱼，就将口中的鸟放下，立即到河中去咬鱼。结果鱼游走了，鸟也飞走了。

女人看了，忍不住笑说："这只狗真傻，已有一只这么好的鸟，居然放弃而去咬鱼，结果鸟和鱼都得不到，真是傻啊！"那只大狗突然回头对她说："我的傻，只不过让我挨一顿饿；而你的傻，却误了你的一生！"

此时，这愚痴的女人才如梦初醒，懊悔地自语道："我居然为了那种人放弃了原本爱我的人，毁了我一生的幸福，这莫不都是自己的贪欲之心害的吗？"

生活中，我们也容易像上述那位漂亮的姑娘一样，被内心的贪念牵着走，最终让自己错失了原本拥有的幸福和快乐。

有限的生命与无限的欲望是一对矛盾体。一方面，我们切不可以在有限的生命中去贪求自身无限的欲望；另一方面，过度的纵欲也会使我们有限的生命变得极为短暂。然而，这对矛盾体并非不可调和，生命的长短虽然不可控制，但是我们却可以好好地控制自身的欲望。只要我们调整好心态，减少自身的欲望，缩减内心的需求，将更多的精力放在学习和工作之上，那么，我们便能够寻求到自身的快乐，让自己的人生更为精彩。

你是否置身福中，却仍抱怨连连

哲人说，拥有一份能自食其力的工作，何尝不是一种幸福。生活中，很多人都明白，饿了吃饱是幸福，渴了喝足是幸福，累了睡觉是幸福，孤独了享受爱是幸福，危险了安全就是幸福。然而，很少人能明白这样的道理，吃撑了不吃是幸福，喝胀了不喝是幸福，睡多了找事做是幸福，爱多了独处是幸福，安全太多了探险求刺激也是幸福。对于我们来说，最大的不幸，就是身处福中，却仍旧抱怨连连。

很久以前，一个人死后，发现自己来到了一个极为美妙的地方。那里有花园美景，有绝色美女，有令人眩晕的娱乐节目，还有享用不尽的美食。

这里的仆人告诉他说："从此之后，你就是这里的主人了，这里的东西你想吃什么就拿什么，想玩什么就玩什么，这里所有的一切都可以自由地尽情享用。"这个人深感庆幸，这不就是我在人世间最想过的日子吗？于是，他每天浸泡在美色与美食之中，得到了前所未有的快乐。

就这样，日子一天天地过去，他发现美食不再那么可口了，游戏也越来越乏味了，那些曾经让他感觉天仙般美丽的女人们再也提不起他的兴趣来了。他每天早晨醒来以后，也不知道如何打发时间，于是就对仆人说道："这样的生活真是太过无聊了，我需要做一点事情，你能给我一份工作做吗？"

让他感到意外的是，这个要求被拒绝了。仆人说道："很是抱歉，这里没有工作可以给您做。"在沮丧之余，他愤怒地说道："这里真是太无聊了，早知道这样，您还是送我去地狱好了！"听了他的抱怨，仆人温和地对他说道："先生，您以为这里是什么地方呢？这里就是地狱啊！"

由此可见，拥有一份能够自食其力的工作，是一件多么幸福的事情！生活中，我们经常会听到这样的抱怨：工作太紧张，每天早出晚归，疲于奔命，不知何时是个头；如果有来世，我希望自己变成一头猪，吃了睡，睡了吃，什么都不操心；什么时候可以不用工作，就能住上大房子，开上名车……要知道，人活着就要思考，就要劳动，如果你整天置自己于安逸之中，每天衣食无忧，表面上看似在享受，实则是生活在地狱之中。长时间将自己浸泡在安逸之中，人也无异成了行尸走肉。

一个人最可悲的行为，就是丧失了理想，没有了进取心，一味地去享受安逸。这样会让你的人生苍白无力，使你越来越堕落，不懂得珍惜已经得到的东西，也不会对周围的事物心存感激，更不容易找到满足感。而通过工作来实现自我价值，通过个人努力来获得成就，你会体味到收获的快乐。珍惜自己所拥有的，对周围的一切心存感激，那么，你将会获得长久的快乐和幸福。所以，无论你是腰缠万贯的富豪，还是一贫如洗的穷苦人，都要记住，只有工作才能让你在充实中体会到生命的本质意义，才能让你获得快乐和满足，才能让你在奋斗中感受到生命的真精彩。

痛苦在于追求错误的东西

人之所以痛苦，是因为追求错误的东西。何谓"错误的东西"呢？其实，错误的东西主要是指那些本不该属于我们自己的东西，那些超乎我们个人能力以外的东西。去追求那些超乎自身能力以外的东西，一定会感到心累至极，痛苦也会随之而来。

比如，一个大学生，刚刚参加工作就想住奢华的房屋，开名贵的汽车，但是，他本身又没有足够的能力得到，于是，每天苦闷不止，抱怨不停，痛苦就如影随形了。为此，要远离痛苦，就要珍惜自己当下所拥有的，追求自己力所能及的东西，这样才能够使内心获得真正的平静与快乐。

有一位著名的作家，每天都觉得自己异常烦恼和痛苦，总静不下心来去创作出更好的作品。于是，他就向智者求教。

作家问道："我很困惑，为什么自己在成功之后感受不到丝毫的快乐，反而越来越觉得痛苦和疲惫呢？"

智者问道："你每天都在忙些什么呢？"

作家答道："我每天从早到晚都在忙着开新书发布会，忙着应酬，并且到处做演讲，还接受各种媒体的采访……这些事情使我心情烦躁，写作已经完全成为我生活中的一种沉重的负担，觉得自己太过辛苦了，心也劳累不止。"

智者转身打开身后的衣柜，对作家说道："在这一生之中，我收藏了许多漂亮的衣物，你试着将它们穿在身上，你就会明白了。"

作家疑惑地说道："我身上穿着合身的衣服，为何要穿这些不合身的呀。如果我能够将这些衣物都穿在身上，一定会沉重异常，会难受十足的。”

智者回答：“你也明白其中的道理，那么为何要来问我呢？”

作家感到莫名其妙，随口又问道："您所说的话，我有点不大明白，您能说得更为明确一些吗？"

智者接过话来说道："你身上的衣服已经很合身，倘若让你穿上这些不合身的衣服，你就会感到沉重无比。同样的道理，你只是一个作家，为何要去做一个演讲家和交际家，这不是自讨苦吃吗？"

作家顿悟道："原来每个人只有做自己应该做的事情，不为尘世的欲望所缠绕，才能获得轻松和快乐啊！"

从此之后，作家就毅然辞去了不必要的职务，推掉了不必要的应酬，潜心写作，最终达到了人生创作的高峰，并且再也没有感到丝毫的疲惫和烦躁，生活也变得轻松和快乐了许多。

生活中，每个人都有自己的追求和欲望，从辩证的角度看，有欲望、有追求并非是一件坏事，因为欲望和追求可以激发人的潜能，能够推动我们不停地向前行。但是，欲望如火，可以取暖，亦可以毁人，我们一定要掌握好理智与欲望之间的平衡关系，不要让欲望成为我们内心的负担。要知道，在很多时候你所追求的东西并不一定是自己真正能够得到的东西，也并一定是自己心灵深处所真正需要的东西，如果自己盲目地去追求，必然会被其所累。

今日的执着，终会造成明日的后悔。如果你执着于错误的东西，内心将无法得到长久的平静，也无法获得长久的快乐。

有这样一则笑话。

有一位男子已经35岁了，各方面条件都很不错，但是仍旧没有恋爱、成婚。为此，他很苦闷，经常出入婚姻介绍所。

有一次，他到一家婚姻介绍所，进了大门以后，迎面看到两扇小门，一扇门上写着"美丽"，另一扇写着"不太美丽"。

这位男子想，前一扇门里面一定有许许多多的绝色美女，同时还不停地幻想那些绝色美女的模样，心中很是高兴，就推开了那扇写着"美丽"的门。就这样，推开以后，远处又出现了两扇大门。一扇大门上面写着"年轻"的，而另一扇上面写着"不太年轻"的。于是，男人就开始不停地幻想，并不停地向前走。他又推开那扇"年轻"的门。这样一路走下去，男人先后推开了九道门，内心不停地在幻想，并且累得气喘吁吁，最终当他推开最后一道门时，门上又写着一行字：您还是到天上去找吧。

这虽然是一则笑话，但是却说明了一个道理，如若所追求的东西是错误的，是人间根本不存在的，即便把自己累得气喘吁吁也无法达到目的。而尘世中的许多人又何尝不是像这个年轻人一样因为执着于追求一些错误的东西，才让自己的心灵多了些额外的负累，才使自己陷入痛苦之中。

如果你明白了这一点，就要勇于放弃一些负累你心灵的东西，勇于放弃那些远远超乎我们能力之外的"目标"，这样才能让自己获得真正的快乐。

懂得把人生的财富转换成幸福

很多时候，幸福就像一只美丽的蝴蝶一般，你伸手去抓它，奔跑、跳跃，筋疲力尽，最终却经常会落空。而当你静静地坐下来之时，它却会翩翩向你飞来，在你身上轻轻地停留。

有一位商人，乘船来到海边的一个渔村度假。在码头上休息的时候看到了一个渔夫从海中划着一艘小船靠岸，船上有好多大鱼。商人对渔夫的捕鱼技术由衷地赞叹，然后就问他说："您每天花多少时间能捕到这么多条鱼呢？"渔夫回答说道："一会儿工夫就能捕到了，不用费多大的力气。"

商人笑着说道："那你为什么不再多捕一会儿呢，这样可以捕到更多的鱼了。"渔夫觉得不以为然。说道："这些鱼足够我一家人一天的生活了，为什么要捕那么多呢？"

商人又问道："你每天只花那么点儿时间去捕鱼，那剩下的时间如何打发呢？"渔夫说道："我每天的事情有很多啊，我睡到自然醒，然后再出海去抓几条鱼，回去和孩子们一起玩一玩，再睡个午觉，到黄昏的时候，我会到村子中找几个朋友喝点酒，再弹会儿吉他，这样的日子充满了快乐和幸福。"

商人听罢，摇了摇头，并且帮他出主意："我给你一个主意可以让你发大财。你每天多花一点时间去捕鱼，然后攒钱去买一条大一些的船。到时候，你就可以抓更多的鱼，再买条渔船，到时候，你就可以拥有一个渔船队。你直接把鱼卖给工厂，这样就可以挣到更多的钱。最终，你还可以开一家罐头厂。这样，你就可以彻底摆脱现在的生活，离开这里，去享受人间的幸福了。"

渔夫问："我达到这些目标需要花多少年的时间呢？"

商人说："大概十五年到二十年。"

"然后呢？"

商人说："然后？然后你就会更加有钱，或许可以挣好几个亿呢！"

"再然后呢？"

商人说："那你就可以退休了，你可以搬到海边的小渔村去住，享受清新的空气，每天睡到自然醒，然后出海抓几条鱼，回去和孩子们玩一玩，再睡个午觉。黄昏的时候到村子里找几个朋友喝点酒，再弹会儿吉他。"

渔夫听完，非常不解，他说："我现在的生活不就是这个样子吗？为什么我还要花那么多的时间去折腾自己呢？"

商人听后无话可说。

很多时候，幸福并非是自己苦苦追寻而来的，而是要用心去感受的。生活中，我们之所以不幸福，是因为我们内心的欲望太多。我们不断地追求外界的物欲，认为只有拥有更多的财富，才是真正地获得了幸福的生活，殊不知，幸福与财富并没有多大的关系，完全是内心的一种感受。如果我们能将欲望的门槛降得低一点，顺其自然，把握自己所拥有的，幸福自然会来临。

你可以静下心来想一想，我们追求财富，追求物欲，不外乎是想获得幸福和快乐。但是如果此刻的你是幸福和快乐的，何必再去苦苦奢求那些劳累人心的妄想和欲望。要知道，幸福并非像故事中的商人所说，拥有多么丰富的物质，幸福是一种无欲无求、健康平和、顺其自然的和谐的心态。朱元璋在晚年，虽然锦衣玉食，享尽人间富贵，却感到远没有少年时每餐只吃一种食物来得幸福。所以，我们在生活中就应该懂得知足，少一些欲望，这样无论在何时何地都可以享受到当下的幸福。

当然，这里所说的无欲无求并不是什么事情都不做，而是说不要刻意去追求自己的欲望，本本分分地活着，每天保持一颗平常心，并且微笑地面对每一天。

知足，快乐的钥匙就在心中

知足是快乐的基础，只要内心知足，就能够珍惜当下所拥有的东西，就不会强求自己做不开心的事情。同样的瓶子，为何要装着毒药呢？同样的心灵，你为何要充满着烦恼和不悦呢？懂得知足，快乐的钥匙就在心中。

有一位国王，拥有至高无上的权力，拥有荣华富贵，照常理，他应该知足、快乐才是。但事实上他内心并不快乐。国王自己也郁闷至极，为何对自己的生活还不满意呢，为什么不能够快乐起来呢？

有一天，国王很早就起床了，他随意在王宫四处转悠。国王无意间走到御膳房时，听到里面一个厨子在快乐地哼着小曲，脸上洋溢着幸福的表情。

国王甚是奇怪，问那个厨子为何如此快乐。厨子答道："我家里有一间草屋，肚子里不缺暖食，家里有贤惠的妻子和可爱的儿子，这样美满的生活，你说我能不快乐吗？"

听到这里，国王就明白了。随后，国王就与朝中的宰相讨论这个厨子的快乐，宰相说："陛下，我认为这个厨子还没有成为 99 一族。"

国王惊讶地问道："何谓 99 一族呢？"

宰相答道："您只要做这样一件事情就可以确切地明白什么是 99 一族了。准备一个包袱，里面放进去 99 枚金币，然后把这个包袱放在那个厨子的家门口，您很快就可以明白一切了。"

国王按照宰相所言做了。厨子回家的时候，就发现了门前的包袱，好奇地把包袱打开，先是惊诧，然后狂喜。金币！怎么这么多金币！厨子将包里的金币全部倒出来，查点了三遍，都是 99 枚。他心中开始纳闷：没理由只有这 99 枚啊？哪有人会只装 99 枚啊？那一枚掉到哪里去了呢？于是他就开始到处寻找，找遍了整个院子也没有找到，心情沮丧到了极点。

于是，他决定从明天起，加倍努力工作，争取早一天挣回那一枚金币。晚上由于找那枚金币太辛苦，第二天早上便起来得有点晚，情绪也坏到了极点，就对妻子与孩子大吼大叫，不停地责骂他们没有及时把他叫醒，影响了早日挣回那一枚金币的梦想。

从那以后，他每天匆匆忙忙地来到御膳房，也不像以前那样兴高采烈地哼小曲吹口哨了，平时只是埋头拼命地干活，一点儿也没有注意到国王正在悄悄地观察他。

国王看到原本快乐的厨子心情变得如此沮丧，十分不解，就问宰相："他已经得到那么多金币，应该比以前更快乐才对。他为何反而苦恼了呢？"

宰相对国王说："陛下，您现在看到的厨子就是 99 一族中的成员了。他们拥有很多，但是从来不懂得满足，他们拼命地工作，只为了额外地得到那个'1'，为了尽早实现'100'。原本快乐、轻松的生活，只因为忽然出现了能够凑足 100 的可能性，就变得不快乐了。他们竭尽全力去追求那个毫无任何意义的'1'，不惜付出失去快乐的代价，这就是 99 一族的人。"

厨子的经历告诉我们"知足者贫穷亦乐，不知足者富贵亦忧"的道理。所以，快乐是与富贵、贫穷无关的，关键取决于我们内心是否满足。

快乐不是拥有的多，而是苛求的少。其实，我们每个人都应该是知足的。当你早晨醒来时，发现自己还在顺畅地呼吸，这就说明你比在这一周离开人世的 100 万人更有福气；如果你从未经历过战争的危险、被囚禁的孤寂、受折磨的痛苦和忍饥挨饿的难受……你已经好过世界上 5 亿人；如果你的冰箱里有食物，有屋栖身，你已经比世界上 70% 的人更富有；如果你积极地去握一个人的手，拥抱他，或者只是在他的肩膀上拍一下……那么，你真的应该知足，因为你现在所做的，已经过着和上帝一样的生活了。

我们所提倡的"知足"并非是满足于当下的生活，不思进取、碌碌无为的处世态度，而是让人在有限资源与无穷欲望之间找到一个平衡点，并努力将这种平衡状态维持下去的生活态度。用现代心理学解释，所谓"知足常乐"，就是尽量使自身的承受能力与需求保持相对平衡稳定的一种状态。它是一种积极的生活态度，一种智慧的处世方式。

在不断加快的生活节奏下，对于现代人来说，最为聪明的处世方式就是：相对的知足，绝对的追求。知足常乐，其实就是要求人们对当下生命的肯定，去满足于当下的获得与快乐，心中有了满足感，快乐也就自然降临了。

有缺憾的人生才是圆满的人生

曾国藩在晚年的时候，将他的书房命名为"求阙斋"，要求自己要有缺憾，不要求圆满。其实，每个人的人生都是有缺憾的，真正有缺憾的人生才是圆满的人生。

从前，有一位国王有七个女儿。在她们很小的时候，国王就将她们看成掌上明珠。她们每个人都有一头乌黑美丽的头发，为此，国王就送给她们每个人十款一模一样的发卡，十个发卡是一套，只有将它们全部戴在头上，才能让她们变得更美丽、更漂亮。

有一天早上，大公主醒来以后，一如既往地用发卡整理她的秀发，无意间却发现自己的发卡丢失了一个。于是，她就开始四处寻找，费了很多心思最终都没有找到。因为丢失了一个发卡，她害怕自己没有其他几位公主漂亮，于是，就偷偷地跑到二公主的房间，拿走了一个发卡。

等二公主起床以后，也发现自己少了一个发卡，因为没找到便跑到三公主的房间中拿走了一个发卡；同样的，三公主发现自己少了一个发卡，就偷偷地跑到四公主的房间把一个发夹拿走；四公主则拿走了五公主的发卡；五公主一样如发炮制地拿走了六公主的发卡；六公主则只好拿走了七公主的一个发卡。这样，七公主的十个发卡就只剩下九个了。

几天之后，邻国的一位英俊的王子忽然要来拜见国王，在闲聊之中，就对国王说道："我养的白鹏鸟昨天叼回了一个极为美丽的发卡。我看了一下，想必一定是宫中哪位公主丢失的。而这也是一种极为奇妙的缘分，但是不晓得是哪位公主掉了的发卡。"

国王拿起发卡仔细看了一下，发现的确是七位公主们的。于是，便将七个公主全部都叫过来。七位公主听说要见英俊的王子，就在心中想：那肯定是我掉的。但是她们每个人的头上都完整地别着十枚发卡，所以内心都极为懊恼自己的做法，但又不能说出来。这时只有七公主出来说道："我少了一只发卡，就是这只。我找遍了整个皇宫，都没找到。"

这话刚刚说完，七公主因为少了一个发卡，漂亮的长头发就散落了下来。王子看了不由得呆了，就决定娶七公主。两人从此过上了幸福和快乐的生活。

这个世界本来就是一个缺憾的世界，没有圆满，为此，我们根本无须去追求圆满。其实，故事中的十个发卡就像是完美圆满的一生，七公主因为少了一个发卡，本来是一种缺憾，却成就了她幸福和快乐的一生，这又何尝不是圆满的一生呢。

其实，生活中的很多事情都是如此。只有品味过分离的相思之苦，才能领略到相聚以后的幸福甜蜜；只有经历过被出卖的遗憾，才能体会到忠诚的可贵；只有品尝过失败的痛苦滋味，才能体会到成功的喜悦；只有遭遇过病魔的折磨，才能体会到健康对一个人的重要。在纷纷扰扰的世间，能够拥有幸福甜蜜，能够体会到忠诚，能够成功，能够健康地生活，不正是一种圆满吗？生活中，我们无须去刻意追求圆满，因为圆满本身就是一种缺憾，凡事随缘就好，只有这样，才能留住生命中的美丽。有聚有散的爱情才是圆满的，有苦有甜的人生才是圆满的，任何事情只要存在或者发生了，就有一定的道理，都有它的圆满之处。只要你放平心态，以一颗平静的心去面对缺憾，就能体会到圆满。这种圆满则是超脱了现实的束缚，是个人心灵上的一种追求，也是一种对自己和对他人的宽容与大度。

放下物欲，拥抱淡然人生

人生一世如草木一秋，生命是极为短暂而脆弱的。如果我们每个人都贪婪无边，为了满足内心的欲望而不惜自己的生命，哪里能够拥有平淡和从容的生活呢？

在单位中，大家都叫他"拼命三郎"，为此，他的业绩一天天地在攀升，同时，工资卡中的数字也在不断地变大。然而，他仍旧觉得自己拥有的"只有那么一点点"，所以，他仍旧不停地努力，不允许自己有休息的时间。

就这样，他已经完全成为了一台工作机器。有一天，他终于不堪重负，晕倒在了办公室。在住院期间，他仍旧不分昼夜地联系业务。之后，又因为加班熬夜时间太久，他的生命的传送带还在继续运转，但是前进的齿轮却坏了，他彻底地崩溃了。同时，他终于有机会停下来，休息一下了。

在那段长时间的休养过程中，他发现，原来自己拥有的已经很多了，他原来所期望的一切都有了，现在唯一缺少的就是用心去好好地感受一下生活的美好。于是，他开始让自己静下来，让生活的脚步慢下来，让纷杂的心归于平静安宁，让繁杂的生活从此归于简单和平淡。他时常告诉自己，是的，该知足了，应该停下来好好看看周围的风景了。

我们赚钱的目的，无非是为了让自己生活得更好、更舒心。如果我们只顾埋头苦干，不懂得停下来好好享受，那么，赚钱就失去了原本的意义。如果你长期处于工作重压之下，就该试着对自己说：已经够了，应该让自己及时停下来，独享其乐融融的个人空间了。

执着是苦，退一步海阔天空。我们总是带着沉重在生活中舞蹈，当夜深人静，当我们真正静下来开始审视自己的时候，才发现，寻求一份真实的快乐和轻松是那么的不容易。我们来到这个世上时，本来就是赤条条的人，平淡即来，从容即去，我们只有放下得失，放下欲望，才能够坦然地面对纷繁的世事。

快乐的人，都是对平淡生活的执着坚守者。最美的人生，就是对现实物欲一笑置之后的淡然。我们要学会淡然地面对人生，一切顺其自然，平静地面对生活，轻松地享受生活。

生活是一生的全部内容，我们每个人总会对它有着美好的追求和向往，只有适可而止地追逐物欲，才能让生命在激情中感受到切实的快乐。当岁月的河流从生命中滔滔流过，童年的无忧无虑早已如梦般散去，你是否在感叹光阴似箭，因为脚步太过匆忙，还没来得及品味生命的真滋味就悄然老去？春华秋实，夏霖冬雪，知足，是快乐、幸福的源泉。我们要以超然的心态把握人生，看淡名利、物欲，这样才能坦然面对纷繁世事，荣辱不惊地正视自己生存时空的尴尬与不幸，这样的人生才是有滋有味的人生，才是淡然的人生。

快乐和悲伤皆是心灵的产物

国学应用大师翟鸿燊说：看到一张脸就知道他的内在，这个很是关键。相由心生，改变内在，才能改变面容。一颗阴暗的心托不起一张灿烂的脸。有爱心必有和气；有和气必有愉色；有愉色也必有婉容。这话实际上是告诉我们，人外在的一切表现都是由心而生，快乐、悲伤、烦恼、痛苦的表情皆是内心的反映，它不受外界任何因素的制约。对于同样的事物，人的心态不同，结果也是不同的。

艾伦·希伯来有两个可爱的儿子。大儿子卢卡斯是个悲观的人，平时看上去总是忧心忡忡的；二儿子雷奥却是个积极乐观的人，每天总是以微笑示人。为此，艾伦·希伯来看到卢卡斯很不高兴，很想让他尽快快乐起来，于是，对他疼爱有加。

圣诞节来临之前，艾伦·希伯来要给两个儿子送他们心爱的礼物。在当天夜里，他就把礼物挂在家中的圣诞树上。第二天早晨，兄弟俩都起来了，想着父亲会送给自己什么样的礼物。父亲送给哥哥卢卡斯的礼物很多，有气枪、一双可爱的羊皮手套，还有一辆崭新的自行车和一个十分漂亮的足球。哥哥将自己的礼物一件件地取下来，但是脸上却没有丝毫的表情，看上去忧心忡忡的。

见状，父亲就问卢卡斯："这些礼物不都是你喜欢的吗？"卢卡斯忧心忡忡地说道："你自己看看吧，我拿着气枪出去玩的话，一定会打到别人，难免会给自己招来祸端。这一双羊皮手套倒是很暖和，但是如果我戴着出去，一定会挂在树枝上面，这样一定会生出极多的烦恼和麻烦。还有这辆自行车是很好玩，但是我说不定会撞到墙上，摔跟头。而这个足球，我终究会把它踢爆。"父亲听罢，丧气地出去了。

刚刚出门，就看到小儿子雷奥，他好像一个快乐的天使似的。然而，他除了收到一个纸包，什么也没有。但是，当他打开纸包以后，就哈哈大笑，兴奋得不得了。一边笑一边跑，好像在院子中寻找什么。父亲就问他："你为何如此高兴？"他说："我得到了一包马粪，咱们家中一定藏着一头小马驹。"最终，雷奥果然在庭院后面的一间屋子里找到了一匹小马驹，然后就兴奋地跳起来。随后，父亲也跟着大笑起来："真是一个快乐的圣诞节啊！"

看事物的角度不同，就能得出不同的结果。乐观和悲观都是你内心所生，它与外界事物的好坏和境遇的顺逆没有多大的关系。抱持悲观的心理，不管得到什么，都不会感受到丝毫的快乐。可以说，悲观是自己酿造的苦酒，怨不得周围的人和事。同样，快乐也来自于我们的内心，它并不是非要依靠外物才能够得到的。

现实生活中，我们也常会为一些不可预知的危险担心，比如，我们会担心疾病，担心车祸，担心失业。实际上，你的这些忧虑和悲观并非起源于外界的任何危险的信号，而是来自内心一些非理性的想法，只是你内心的想象而已，并不是真的会发生。在这些担心背后，隐藏着这样的一个想法，生活必须是平安的，并且要按照我自己希望的方式进行，而不要有太多的麻烦和困难。如果不是这样，我可就无法忍受了。你这样只是给自己徒增烦恼，不能改变任何事实。

生命匆匆，只是一个过程而已。快乐、悲伤皆由我们的内心所生，我们要想获得更多的快乐，就应该早一些摒弃内心的烦恼与痛苦，将内心的阴郁情绪打扫干净，迎接快乐与幸福的阳光。

苦水只会越吐越多

生活中，很多人装了满肚子的苦水，不断地向他人吐诉，生活压力太大，儿子不听话，老公不理解自己，被领导批评，物价上涨……总之，只要稍不顺心，就会抱怨不止。殊不知，抱怨就如肚中的苦水，会越吐越多。你每重复一次，内心就会痛苦一次，久而久之，这些负面情绪就会渐渐地淹灭我们内心仅剩的一点点快乐与活力，最终你的内心会变得抑郁起来。随之，痛苦和烦闷也会成为你生活中的一种习惯了。

丽丽毕业于名牌大学，工作也很好，但有一个缺点，就是爱抱怨。她总是牢骚满腹，不是抱怨这个，就是抱怨那个，仿佛全世界的人都对不起她一样。在工作中，她不是抱怨那个太笨，就是抱怨这个太工于心计。在朋友圈中，她会当着一个朋友说另一个朋友的不好，好像这个世界上所有的事情都是令她讨厌的。

有一次，丽丽又对着一位同事抱怨上了："你不知道，我们公司其他部门的人太有心计了，老板太小气了，用人特别狠，总想用最少的钱让我们干最多的活，每天都把我累得不行，真的想辞职不干。还有我们公司的副总，一天到晚自己不干活，还不停地训斥别人，真是无法忍受了……"总之，她将公司所有的人都指责了一番。

一开始，面对丽丽的抱怨，朋友和同事都会好言相劝，让她摆正心态，但是慢慢地，他们见到她后，都会躲之不及。公司的同事和朋友给她起了一个外号叫"怨妇"。没有了朋友，丽丽整个人也变得抑郁起来，她感受不到任何的快乐。

生活中，每个人都不想成为他人情绪的"垃圾桶"，你无穷尽的抱怨，会给人带来极大的负面影响，就好像将他人置于阴雨连绵之中，见不到一丝阳光。生活中，没有人喜欢生活在那样的环境中，为此，人们见到那些爱抱怨的人，一定会退避三舍，敬而远之，而爱吐苦水的那个人也自然变得阴郁起来了。

你如果想抱怨，生活中的一切都会成为抱怨的对象；而你若能够摆正心态，生活中的一切都会成为快乐的源泉。无论处于什么样的环境中，我们都不应该不停地抱怨，向他人吐苦水，而要靠自己的努力去改变现状，这样才能够去除内心的不满，而这也是改变你目前一切不如意的最好办法。

任何人的人生路上，有阳光，也难免有阴霾；有平坦，也难免有坎坷；有畅通，也难免有荆棘。所以，在任何时候，都不要为自己所遭遇的一切而失意，只要你能够豁达乐观一些，放弃毫无意义的抱怨，心如止水，平静安宁，就能保持清醒的头脑去改变现状，就不会不停地向他人吐苦水，就能够从容淡然地走好自己的人生之路。

要记住，当你无休止地抱怨现状不如意的时候，现状绝不会为此而自行改变。抱怨，只会在你前进的路上设下种种障碍，使你永远不可能达到成功。唯有切实地行动起来才能改变现状，这也是你迈向成功的必经之路。

抓得越紧，失去就越多

舍得，是指有舍有得，不舍不得。舍得是一种人生智慧和态度。如果你舍弃了外界的物欲，就等于舍弃了心灵的重负，就能够获得轻松和快乐。舍弃了名利，也就等于舍弃了捆绑心灵的枷锁，也就获得了永久的轻松与坦然；舍弃了自己无可企及的目标，就等于舍弃了心灵的煎熬，也就获得了永久的宁静。

很多时候，得到往往是在舍弃之后。很多东西，你抓得越紧，失去就会越多，甚至还会为此付出巨大的代价。

一个渴望拥有很多财富的人，听说沙漠中有金子，于是，就带着食物与水到沙漠中去找寻。

忍受了几天炎热的煎熬后，没有发现宝藏，但是身上的食物和水却已经没了。已经两天了，他没有喝过一口水，吃过一口面包。他已经没有任何力气向前行走了，于是就静静地躺在那里等待死亡的降临。

也就是在即将死亡的那一刻，他向神做了最后的祈祷："神啊，请帮帮我这个可怜的人吧！如果我能够获得一点点的食物或者水的话，我宁肯放弃寻金计划。"

刚说完，神就显灵了，赐给他一些水和食物。等他快速地吃饱喝足以后，就想着自己已经承受了如此多的痛苦和磨难，怎么能够舍弃寻宝的计划呢，说不定宝藏就在不远处呢。于是，他就继续向前方寻找。

幸运的是，在前方不远处，他果然找到了很多金光灿灿的金子。于是那个人兴奋十足，贪婪地将金子装满了自己身上所有的口袋。

当他带着沉重的金子向前走时，才发现他的体力已经承载不了如此重的金子了，而且，他已经没有足够的食物与水再向前赶路了。但是，他仍旧背负着重重的宝藏往前走。随着体力的不断下降，他开始扔掉一些金子，边走边扔，以致将身上的所有金子全部扔光，也没能够走出沙漠。最终，他又静静地躺在地上，在临死之前，他又开始向神祈求道："请赐予我更多的水和食物吧！"

而神则回复了他一句话："倘若再赐予你更多的水和食物，你还是要返回去捡回你扔的金子。"

那个人顿时哑口无言。

死到临头，还没能够摆脱内心的贪婪与欲望，最终不仅没得到金子，连性命也丢了，实在可悲。如果他能够勇于舍弃心中的物欲，可能就顺利地走出沙漠了。

当你紧握双手，里面什么也没有；当你打开双手，世界就在你的手中。只有懂得放弃，才能使你在有限的生命里活得充实、饱满而旺盛。只有适时地舍弃，才能得到更多。

著名作家史铁生曾经用"命若游丝"来形容生命的脆弱与短暂。在脆弱与短暂的生命中，有太多的珍贵的东西需要我们去把握，但是如果我们为了追求身外之物而失去了生命中更重要的东西，那是得不偿失的。要知道，人内心的欲望就像一团燃烧的烈火，柴放得越多，火就会烧得越旺，而火烧得越旺，你就时刻会有再添柴的冲动，永远没有尽头……

尘世中充满了太多的诱惑，这些诱惑就像柴一样，时刻让你的欲火燃烧不止。想拥有更多的财富，拥有幸福的家庭，拥有可爱的儿子，拥有成功的事业……诸多的诱惑会让你实现一个个愿望后变本加厉。渐渐地，你的心灵将会疲惫不堪，你的生活也会枯燥无味，最终让你的整个生命也变得苍白无力，所以，能够及时地舍弃，也是人生的一种收获。只有勇于放下，才能拥有超乎自己想象的更珍贵的、更有价值的东西。

何必寻愁觅恨怨东风

每个人的一生似乎都是在烦恼中度过的。贫穷者为如何才能赚到更多的钱而烦恼，富贵者为如何才能获得更多的快乐和宁静而烦恼，年轻人为工作而烦恼，老年人为病痛而烦恼，恋爱者有恋爱者的烦恼，结婚者有结婚者的烦恼……人生随时都是处于烦恼之中的。究竟是什么让我们烦恼不断呢？如何才能少些烦恼呢？对此，著名国学大师南怀瑾先生给了我们答案：人生在世的许许多多不快乐或者烦恼都是自找的，是"无故寻愁觅恨怨东风"，真可谓一针见血。正所谓"天下本无事，庸人自扰之"。人生的多数烦恼和痛苦都是自找的。如果我们懂得知足，能用心去体会平淡生活的乐趣，那么，烦恼自然也就无容身之地了。

有这样一个故事。

在深山中有一户穷苦人家，家中有父母和一个 14 岁的儿子。

这一天，母亲递给儿子一个大碗，让他到山下去打些油回来。并不停地叮嘱他："你一定要小心，我们最近经济太紧张了，不能把油洒出来，否则，我们的生计就是一个大问题。"

儿子小心地应和着，花了很长时间才下山来到母亲指定的店中买油。儿子心想：下山一次太不容易了，不如多打一些回去，只要自己走路够小心，一定会安然地将油端回家的。于是，他就让店伙计把碗中装满了油。

儿子小心翼翼地端着装满油的大碗，一步步地行走在路上，丝毫不敢左顾右盼，内心很是紧张。然而，不幸的是，在他快到家的时候，因为内心太过紧张，端着碗的手不停地发抖，一下子踩进了一个小坑之中。虽然没有摔倒，但是碗中的油却洒掉了三分之一。儿子极为懊恼，但无法挽回什么。回到家中之后，看到洒了一半的油，母亲很生气，毫不客气地对儿子说道："不是说好让你小心点儿吗，怎么还洒了这么多的油，浪费了这么多钱？"儿子心中越发难过。

这个时候，爸爸听到了，过来了解情况，随后，他就不停地安慰儿子，并私下里对儿子说道："我再让你去买一次油，这次只装一半就可以了，并且我要你在回来的途中，不要紧张，多欣赏周围的风景，保持心情愉快就好了。"

儿子又一次下山了，这次心中不再有任何的忧虑，因为他想手中端着半碗油，无论如何也洒不掉的，于是心情很是轻松。在回家的途中，他发现路上的风景真的很美。远方翠绿的山峰，又有农夫在田中唱歌。一会儿，又看到路旁边的一群小孩子玩得十分开心，而且还有一群小狗卧在那儿晒太阳。儿子就这样一边走一边看风景，不知不觉地就回到了家中。当儿子把油交给父亲时，才发现碗里的油装得好好的，一滴都没有损失掉。

一切烦恼皆由心生，就像这位打油的儿子一样，第一次由于油装得太多，所以心存顾虑，做事缩手缩脚，放不开，最后反而将油弄洒了。后来，由于油装得少，所以放下了心中的顾虑，轻松地完成了任务。所以，在生活中，我们一定不要有太多的贪念，这样才不至于生出太多的烦恼，来束缚我们的快乐生活。

生活中，我们的许多烦恼和忧虑皆是由于我们内心感受对外界事物的一种投射而已。如果我们能够日日更新、时时自省，就会摆脱世俗的困扰，清除心灵的尘埃。智慧的人是能够体悟到万物皆空的道理的，这种万物皆空并不是消极悲观的虚无，而是没有执着，没有牵挂，坦荡磊落，广大自在的一种心境。如果我们把生活中的物欲看作镜中花水中月，便会觉得世间也没有什么可求可恋，你的心灵和人生也就没有了所谓的障碍、痛苦和烦恼，你的心灵也就能够达到一种完美清净的境界。

心多贪念，必成羁绊。生活中，如果你一味地带着一定的功利目的去做事情，心最终会被拖累，最终你也极难达到自己的目标。如果我们时常能够摒弃一切贪杂，以一颗平静之心去看待周围的事物，就能够使自己的心灵达到完美、清净的境界。

第四章

不计较是非：

若无闲事挂心头，便是人间好时节

　　人们很多时候之所以烦恼、痛苦、焦虑，是因为心胸不够开阔，见解不够通达。对于人生中的不如意，我们要看得开，拿得起，放得下，不计人间事，便能使心灵获得释然，使人生获得快乐。

　　达观是一味精神良药，可以使消沉者奋然振作，使悲观者欣然忘忧，使遭逢逆境者泰然处之。拥有这样一味良药，你就能淡然面对一切得失，应付一切坎坷，变歧路为坦途，一路履险如夷，啸歌前行。

唱一首宽心谣，让忧愁去漂流

自轻自贱的人，早晚是会被自己给击倒的；而心胸宽广的人，这个世界对于他来说，就没有过不去的坎。

有一位青年，自小生活在极为优越的环境中，但是时常会觉得自己活得不顺心，与家人和周围的朋友矛盾不断。一天，他向一位智者求教快乐之道。

智者见他愁眉不展、闷闷不乐的样子，没有直接回答他，只是让他将桌子上的杯子倒满白开水，然后往里面放一勺盐，让他尝尝水的味道如何。年轻人就按照智者的吩咐，尝了一口，说道："好咸！"

智者笑了笑，就问他说："如果将这勺盐放到大海中，结果会有什么不同呢？"

青年回答说道："别说一勺盐了，就是放八十勺盐，也不会有咸味的。"

智者接着就开导说："你说得很对，如果你能把心放宽，像大海那样宽阔去容纳一切，就一定不会被世俗所困扰，也就没有忧愁可言了。"

青年若有所悟地点了点头，按照智者所说的，学着把心放宽，从此之后，再也不像之前那样心烦意乱了。

人的心灵是个无形的容器，能变得像海洋般阔大，还能变得极为狭小。如果你心胸狭窄，思想狭隘，只能够装下一滴水，一勺盐就会让你咸得受不了。如果我们心胸宽广，坦然处事，全无心机，待人和蔼，雍容大度，能装得下无边无际的大海，放入再多的盐也不会感觉出咸味来，世间的忧愁便不会来扰乱我们的心灵。

人生没有过不去的坎，"大人不记小人过""不要想得过于复杂""大事化小，小事化了"……这些都是劝慰人要将心放宽，不至于让自己过于痛苦和烦恼。人的心灵就像一扇大门，敞开来宽宽大大，外界的天地也会跟着变宽敞，阳光便会洒进来。

心宽是一种好心态，是一种崇高的境界，也是一种人生大智慧。心境宽了，就能够时刻保持宁静，就不会有失落感；心境宽广，就不会过于计较生活中的得与失，不会与生活中的小事较真，就能够融洽人际关系，使自己处于和谐之中；心境宽广，就能够延年益寿，享受一生的平安与幸福。

如果你现在还在为生活中的小事而生气，为一时的挫折而痛苦，为无谓的忙碌而焦虑，那么，就念一念下面的这首《宽心谣》吧。这是著名社会活动家赵朴初先生在 92 岁时对生活的感悟，相信会让你所有的忧愁和痛苦都随之流逝。

日出东海落西山，喜也一天，忧也一天；恩恩怨怨随风卷，天也无边，地也无边；

茫茫四海人无数，早也忙碌，晚也忙碌；人生似鸟同林宿，退也一步，进也一步；

功禄财气顺自然，来也罢了，去也罢了；为人处世眼界宽，高也和善，低也和善；

遇事不钻牛角尖，人也舒坦，心也舒坦；居室好歹不高攀，大也栖身，小也栖身；

旧衣新衫不挑拣，好也御寒，赖也御寒；夫妻厮守互慰勉，贫也相安，富也相安；

少荤多素日三餐，粗也香甜，细也香甜；领取薪金有几许，多也无怨，少也无怨；

不义之财不可取，进也是祸，出也是祸；花开能有几时红，爱也今今，恨也分今；

喜逢好友聊聊天，古也谈谈，今也谈谈；早晚操劳勤锻炼，忙也乐观，闲也乐观；

莫为体态费心弦，胖也美观，瘦也美观；邻里亲朋广积善，老也不嫌，少也不嫌；

骨肉亲情常祝愿，朝也平安，夕也平安；心宽体健养天年，不是神仙，胜似神仙。

生气除了能增加痛苦并不能改变什么

在生活中，夺走我们快乐心情的恰恰是一些微小的事情。然而，在你为这些小事生气之前，要想清楚：你莫名地生气，除了给自己增加痛苦之外，还能改变什么？

有一天，寺院中的禅师正要开门出去，突然被一位身材魁梧的大汉撞到，戳青了禅师的眼皮。那位撞人的大汉毫无羞愧之色，反而理直气壮地说道："难道你没长眼睛吗？"

禅师听罢只是微微一笑，并没有说什么。

大汉颇觉惊讶地问："喂！老和尚，你为什么一点也不生气呀！"

禅师说道："为什么一定要生气呢？生气不能让眼睛所受的痛苦解除，而只会扩大事端。我如果对你破口大骂或者打斗动粗，一定会造成更大的业障以及恶缘，也不能将事情化解。如果我早一分钟或者迟一分钟开门，都会避免相撞，或许这一撞也化解了一段恶缘，还要感谢你帮助我消除业障呢。"

这位大汉听完十分感动，若有所悟地离开了。

事情过了很久之后，一天禅师接到一封挂号信，信内附有一万元钱，正是那位大汉寄来的。

原来，那位大汉在年轻的时候不知努力，成年后，在事业上高不成低不就，十分苦恼。婚后也不懂得善待妻子。那一天，他在上班时忘记了拿公文包，中途返回家拿的时候，却发现妻子与另一个男子在家中谈笑，就冲动地跑进厨房，拿了把菜刀，想先杀了他们，然后再自杀，以求解脱。

然而，就在那位男子正准备到厨房拿菜刀的时候，忽然想起了禅师的教诲，自己顿时也冷静了下来，深刻地反思了自己的过错。

如今的他生活、工作都很幸福，工作也得心应手，特向禅师寄去一万元钱以示感谢。

禅师的宽容给了大汉觉悟，教他要以一颗宽容的心去对待生活中的琐事，这是获得幸福和快乐的重要方法。在很多时候，宽容是一条环环相扣的纽带，让我们彼此相连，认我们认清彼此，珍惜彼此。

从现在开始，不要因生活中的小事而生气了，遇到不顺心的事，要学着去控制自己的情绪，这样才能让快乐健康常伴左右。

要知道，那些爱事事计较，精于算计的人，对健康的影响也是极大的。《红楼梦》里的林黛玉，虽生有闭月羞花的美丽容貌，但总是斤斤计较，患得患失，别人一句无意的话，也会让她辗转反侧，难以入眠，抑郁不已，最终只落得个"红颜薄命"的悲惨结局。唐代有"诗鬼"之称的著名诗人李贺，虽然文思敏捷，才华过人，却是个心胸狭窄之人，经常会为一些芝麻绿豆的小事而闷闷不乐，愁肠百结，27 岁便离开了人世。

对于生活中的小事情，让一让，忍一忍又何妨呢？人生在世，理应开朗、豁达和超脱一些的，如果你凡事都去斤斤计较，只是在给自己徒增烦恼罢了。

要知道，人的精力毕竟是有限的，如果你过于在小事上斤斤计较，那么，对人生中的一些大事的注意力必然会淡化，甚至无暇顾及了，也就意味着你会失去更多。因此，从现在开始，我们要学会放下，在小事方面"糊涂"一些，这样才能够收获更重要的东西。

远离抱怨，世上没有绝对的公平

我们事事都渴求公平，生活稍有不公平的事情发生，就会耿耿于怀，愤愤不平，感到自己受了极大的委屈，内心也无法平静。殊不知，世界上根本没有绝对的公平，你所追求的公平，只是你内心的一个非理性的想法而已。

一位青年毕业后在找工作的过程中屡屡受挫，觉得自己怀才不遇，于是就向一位智者哭诉。他说，当下的社会太不公平，要想得到一份工作，怎么这么难！

智者笑了笑，对他说道："什么是公平的呢？现在你把'公平'两字写下来让我看看。"青年就随手在纸上写下了"公平"两个字，并递给智者。

智者接过纸张笑容可掬地说道："你看，这两个字，前一个用四画就写完了，后一个却用了五画，这'公平'二字本身就是不公平的，怎么说'公平'是公平的呢？"

绝对的公平是不存在的，很多人所追寻的"公平"就如神话传说中的仙境、宝物一样，永远无法得到。因为这个世界不是根据公平的原则创造出来的。比如，生物世界中的食物链，鲨鱼吃小鱼，这对小鱼来说是不公平的；小鱼吃小虾，这对小虾来说是不公平的；小虾吃浮游生物……只要你看看大自然一个个的食物链就可以知道，处于顶端的是食肉类的猛兽，处于底部的都是毫无侵略性的植物或者是微生物。对于那些注定要被吃掉的生物，你能用公平或者不公平来评价吗？地球上的地震、火山、台风对于当地的人们来说是不公平的。

这个世界没有绝对的公平，这是世界本有的一种状态，一种真实的情况。所以，我们一定要摘下个人感情的有色眼镜，保持积极端正的心态，用潇洒的人生态度去生活，那么，你将永远找不到不公平。很多时候，公平或不公平并不是最重要的，其实，让人耿耿于怀、愤愤不平的所谓的不公平，只不过是人们进行争斗的借口，或者说是"抱怨症"患者的偶尔发作而已。

同时，当你满腹牢骚地抱怨"不公"的时候，你是否也反省过自己：我真的是最好的吗？自己真的够完美吗？如果你肯这样想，就可以平衡自己的心态，从烦恼和痛苦中解脱出来。

一位自以为才华八斗的秀才，因为一直得不到重用，经常愁肠百结，苦闷异常。

有一天，他向智者大声地抱怨："命运为何如此不公？我并不比那些当官的差，为什么偏偏我得不到重用呢？"

智者听罢，先是沉默不语，然后捡起了一颗普通的小石头扔进乱石堆中，说道："你试着把我刚才扔掉的那颗石头找出来。"秀才就找了起来，他翻遍了所有的乱石堆，始终没有找到。这个时候，智者又向乱石堆中扔了一块金子。然后，让秀才去找，秀才一下子就找到了。

这个时候，聪明的秀才顿时醒悟了：当前的自己不过是一颗普通的石头而已，如果自己是块金子的话，就不会这样被埋没了。

生活中的很多人都是这样，在不公平面前只是一味地抱怨。殊不知，很多时候，原因全在于我们自己。为此，我们在抱怨的时候，一定要静下心来反思一下，问题是否出在自己身上。同时，我们也要勇于放下计较，以一颗平常心去面对这些不公，这是人生的一种境界。

凡事不必太较真，糊涂做人最快活

爱较真，又是人不快乐的根源。生活中，很多人都要较真，什么事情都爱打破砂锅问到底，想把所有的问题都搞得清清楚楚、明明白白。我们可以说这是一种对事认真的态度，但是，如果凡事过于较真，做事太死板，爱斤斤计较，就会走进"死胡同"，掠夺我们的快乐，给我们带来额外的烦恼和精神上的负担，甚至还会为此付出巨大的代价。

卡塔尼山是意大利一座著名山峰，在这座山的峰顶有一块墓碑，上面刻着这样一个意味深长的故事。

古时候有一个叫作麻亚的人，他从雅典到叙拉古去游学，在经过卡塔尼山时，无意中看到了一只大老虎。进城以后，他就大肆地在城中宣传，卡塔尼山上有一只老虎。但是，对于这个消息，没有一个人相信。但是，麻亚仍旧坚持自己的看法，说自己确实看到了老虎，而且还是一只非常雄壮的老虎。无论他将自己见到老虎的过程描述得如何生动，就是没人相信他。最终，麻亚为了证明自己是对的，就对城中的人说："不信的话，我可以带你们去看看。"

果然，有几个胆大的年轻人跟着麻亚上了山。但是，麻亚带着这几个人将整个山都转遍了，却连老虎的毛都没见到。麻亚的心异常痛苦，觉得自己很没面子，仍旧坚持自己的看法。

城中的人不仅不相信他，还说他是个疯子。这时候，麻亚的内心还是异常地难受，为了证实自己的正确性，就带了一支猎枪只身上了卡塔尼山。他非要找到那只老虎，还扬言说要打死老虎，让全城的人都看看。

然而，自麻亚上了山以后，就再也没有回城。几天以后，人们在山中发现了一堆破碎的衣服，原来麻亚在山上寻虎的过程中，不小心被一只大熊给吃掉了。

麻亚只是为了向众人证实一个小小的事情，结果却将自己的性命丢掉了，是得不偿失的。假若他能够及时放弃，敞开心胸，可能就不会上演这幕悲剧了。

很多事情本身就是说不清道不明的。如果你非要与别人争出个对错来，恐怕最终吃亏的还是你自己。在处理人际关系的过程中，也是如此。

《菜根谭》中有这样几句话："涉世浅，点染亦浅，历事深，机械亦深，故君子与其练达，不若朴鲁，与其曲谨，不若疏狂。"

很多时候，喜怒不形于色，是保护自己的一种重要手段，凡事不必太较真，不要求全责备，该装糊涂时就装糊涂，这是潇洒处世的哲学。

比较会让你失掉当下的快乐

生活中，我们总是会习惯性地以比较的眼光去看待事物，比如自己比他人拥有的多与少，事物的好与坏，等等。当我们与他人进行比较的时候，自然就无法欣赏或满足自己所拥有的，会让我们瞬间失掉应有的快乐和幸福。

一个旅行团到一座著名的花城去旅游，在旅途中，大家看到池塘中的一大片荷花开得正好，有位游客就情不自禁地赞道："真美啊！还没见过如此漂亮的花呢！"而坐在她旁边的一位游客则说道："这里有什么，这里的荷花远远不如另一个花园中的牡丹好看呢！"这话一出口，所有游客的心中不免有些黯然了，好像整个花园中的荷花也顿时失去了色彩一般。

荷花有荷花的美丽，牡丹也有牡丹的漂亮，不同的美，是不能拿来比较的，只需去欣赏就能够享受到快乐和满足。否则，两种花所有的美感都会消失，而我们也错失了当下的快乐和满足，难道不是吗？

与其相互比较，不如换一种想法："这个很好，那个也不错，以积极的心态去欣赏当下的美丽，享受自己所拥有的快乐。那么，你的心情将永远是快乐的。"

然而，比较是人们一种极为普遍的不自觉的心态，只要尝试一次"更好"的滋味，就想寻求到更多的"更好"，每个人似乎都会在不知不觉间将眼光盯向他处，体味不到自己眼中风景的美丽，这样就会在不知不觉中让自己多了几分烦恼和忧愁。

柳梅与丈夫刚刚结婚，用积攒了几年的工资买了一套三居室的房子。房子宽敞明亮，是他们精挑细选后定下来的，两人住进去后十分舒服，很是开心。

没过多久，柳梅的一位好朋友也买了一套房，装修好以后，朋友打电话让她到家里参观。朋友的房子地段很好，而且是一套别墅，里面的装修也很高档。柳梅从朋友家中回来之后，脸上再也没有了笑容，总是不停地向丈夫抱怨自己的房子地段有多么的不好，装修是多么的不够高档。她原本的好心情已经完全在比较中被朋友"更好"的房子给冲击掉了。

这就是比较心理所产生的结果。要明白，别人的房子好，是因为对方花的钱多，付出的辛苦多一些而已。自己不想活得太过劳累，不想背负太沉重的经济负担，买一个舒适的、适合自己的房子，好好享受当下的惬意，又有什么不好呢？

很多情况下，比较是我们产生不愉快的重要原因。正如哲学家所说：人正是因为在人群中习惯了仰视，所以才滋生出许多烦恼来。带着比较的心理去工作和生活，会让我们忽略或不满足于自己所拥有的，会让我们错失许多美好的东西；比较会挑起我们的野心，会摧毁我们所做的一切努力，会让我们已经拥有的变得毫无生机和意义……所以，请你远离比较，因为由比较产生的不平衡心理会随时吞噬掉我们原本的快乐。

有道是：山外青山楼外楼，比来比去何时休？你所拥有的就是最好的，别人的"好"只是相对的，谁都可以成就自己的幸福，为何要比来比去，让自己不开心呢？

批评是带着利刃的刀剑

在生活中，很多人看到他人稍有差错，就会去批评：你怎么这么笨啊，麻烦你动动脑筋好吧；你这样做是错误的，告诉你多少遍了，怎么还去犯这种低级错误呢；怎么回事啊，是不是不想干了……这些批评就像带着利刃的刀剑一样，会刺痛他人的心。

要知道，这个世界上没有一个人喜欢被批评，批评在很多时候根本不能解决问题，只能起到相反的作用。所以，我们一定要用积极的眼光去看待他人，少一些批评，多一些赞赏，这样才能在和谐的人际交往中保持心灵的安宁。

安端的家位于马路边，这大大方便了她的生活，但是也给她带来了诸多的困扰。因为在马路边，前面不远处有个红绿灯，经过的车辆为了能够在红灯亮起之前从路口驶过去，都会加快速度，安端家的狗就是因此而丧命的。

很多时候，每当车子疾驶而过时，安端都是在她家门下的花园中割除杂草。为此，她会对驾驶人大声地喊："能不能开慢一点儿！"有时候则不只大喊，还会挥舞手臂，想叫他们不要开快车。但是令她恼火的是，她发现这个办法一点用也没有。经过的车辆还是从她家门前疾驶而过，车上的人还会在飞车行经时别过头去不看她。特别是经常路过的一辆红色跑车，最可恶，无论安端怎么高声尖叫、用力挥手，车上的女郎还是在危险地飞速疾驶。

有一天，安端又在花园中割草，她又注意到那辆红色的跑车逐渐驶近，速度依旧飞快。安端什么也没做，因为她觉得不管用什么办法叫她减速，都是白费力气。她发现车中的女人看着她，就对对方微笑。就在这时，那辆红色跑车的刹车灯亮了一下，车速也放慢了。

安端觉得很是惊讶，她第一次看到这部跑车不是以要命的速度呼啸而过。她还注意到车上的那个女郎也在对着她微笑。

从此以后，那个女郎每经过那里看到安端，总是会放慢车速，对她微笑、招手。在好奇心驱使下，安端有一次关掉除草机，走到院门前问对方："为什么对我微笑，还对我招手？"

那个女郎说道："很简单，不是你先对我微笑的吗？你把我当成好朋友，我也要对你微笑呀。"

这令安端大吃一惊，没想到，先前所有的大声批评却没有一个微笑来得实在。

世界上，没有一个人能够安然地接受别人的批评，所以，批评在很多时候，根本起不到什么作用，而且还会让人产生逆反心理。海尔集团的张瑞敏说："人们对于欣赏的回应，远远比批评更为热烈。"欣赏能够激励人们表现得更为优越，以获得更多的赏识；而批评则使人耗损，当我们贬低别人时，其实也是在默许此人往后依然会按错误的方式行事。比如，如果我们说一个人工作态度不端正，就等于让他接受了自己工作态度不端正的事实，这也给了他工作态度不端正的权利。那么，他可能在工作中，也不会再端正自己的态度了。而相反，如果你赞赏他勤快，可能会起到积极的效果。

所以，要让事物向正面积极的方向发展，就一定要多赞扬，少批评，这样不仅能让自己少些愤怒，而且还能让自己成为受欢迎的人，使你的人际关系处于和谐的状态之中。

珍惜前世修来的夫妻缘分

"十年修得同船渡，百年修得共枕眠。"世间的男男女女成为夫妻，除了爱情，还是需要缘分的。要不然，在芸芸众生间寻寻觅觅，最终如何就遇到对方了呢？冥冥之中，姻缘已经被注定。然而，为何结婚后，有的甜蜜幸福，有的则大吵大闹呢？所谓"不是冤家不聚头"，有的三年五载便以分手告终，有的却能够坚守信念，共度一生。其实，美好的爱情和婚姻谁都可以得到，关键是看你如何去经营。

经营婚姻和感情的最好方式就是"懂得珍惜"。当双方有了矛盾，切勿意气用事，要知道去寻求问题的原因，懂得主动去理解对方，这样才能够将爱情和婚姻更好地延续下去。

有一次，慧能禅师外出弘法，在路上，遇到一对正在吵架的夫妇。

妻子说道："你算什么男人，一点都不像个丈夫的样子！"

而丈夫却说："你如果再骂，我就动手打你了！"

妻子则说道："我就骂你，你就是不像个男人嘛！"

这个时候，慧能禅师听见了，就对路人大声地叫喊："你们快来看啊，看斗牛，要买门票；看斗蟋蟀、斗鸡的也要买门票；现在斗人，不需要门票，你们快来看啊！"

那对夫妻听了，好像不解其意，继续吵架。

妻子又继续叫嚷道："你杀，你杀，我就说你根本不像个丈夫的样子嘛！"

慧能禅师煞有介事地说："太过精彩了，现在都快要杀人了，大家都快过来看啊！"

这个时候，有个过路的人大声说道："和尚，人家夫妻吵架，关你什么事啊，你大声叫喊什么呢？"

慧能禅师说道："如何不关我的事呢？你没听到他们要杀人吗？杀死人就要请和尚念经，念经时，我就有红包了嘛。"

过路的人听罢，就埋怨道："太过邪恶了，岂有此理，为了红包就希望杀死人啊。"

慧能禅师说道："希望不死也可以，那我就要说说禅理了。"

这个时候，路旁那对吵架的夫妻也安静了下来，都不约而同地围了上来。

慧能禅师对吵架的夫妻说道："再厚的寒冰，太阳出来后，都会融化；再冷的饭菜，柴火点燃时都会煮熟；夫妻两人，有缘生活在一起，就要做太阳，学着去温暖对方；做柴火，成熟对方。夫妇之间一定要互敬互爱，好好珍惜你们前世修来的缘分。"

慧能禅师的话说得吵架的夫妻惭愧难当，各自认错。而过路的人听罢之后，很快就领悟了禅师的高妙禅理。

有缘千里来相会，无缘对面手难牵。在芸芸众生之中，两个人能够走到一起，就是一种缘分。那么，夫妻之间就应该懂得珍惜这份缘分：互敬互爱，互谅互让，这样才能让婚姻更为美满，让爱情更为甜蜜。

永远不要忘记对生活微笑

你每天愁眉，自然生成一副苦脸；你一脸怒气，必定生成一副怨相；你若乐观和善，当然会慈眉善目。哲人说：30 岁前的相貌，是父母给的，而 30 岁后的相貌，则是自己修来的。表情只是一瞬间的相貌，而相貌则是凝固了的表情。从今天开始，每天微笑吧，世界上除了生死，一切都是小事。

微笑是一种对人生的乐观态度。一个人如果失去了笑容，那么人生就会失去乐趣。要知道，夕阳逝去，会给人带来美丽的星夜；枯叶飘落，将会迎来晶莹的雪花。雪莱说："冬天到了，春天还会远吗？"人生就像一面镜子，你对它笑，它就会对你笑。在逆境和黑暗来临的时候，我们需要勇气，更需要微笑。笑对人生，生活才能多姿多彩，明天才会光辉灿烂。

一位哲人说，经常微笑的人，运气不会很差。因为一个人的笑容就是他真诚的信使，他的笑容可以照亮所有看到他的人。微笑虽然不是极难的事情，但是它却会给你带来震慑人心的力量。

有这样一个人，上帝没有给他傲人的相貌，他的身高仅有1.55米，并且在他三四十岁的时候，才开始做推销保险。在他当保险推销员的前半年中，他没有为公司拉来一份保险单。

他没有钱租房，就经常睡在公园的长椅上面；他没有钱吃饭，就吃专供给流浪者吃的剩饭；他没钱坐车，只好步行前往他要去的地方。上帝在给他苦难的同时，也给了他另一种财富，那就是经常微笑，自信乐观。

他从来不觉得自己是个失败的人，至少从表面上没有觉得。每当清晨从公园的长椅子上"起床"的时候，他就向每一位碰到的人微笑，不管对方是否在意或者回报他的微笑，他都不在乎，而且他的微笑永远都是那样的由衷和真诚，看上去是那么精神抖擞、充满信心。后来，他就是凭借这张笑脸，成为日本历史上签下保单金额最多的保险推销员。他就是原一平。他的微笑也被称为"全日本最自信的微笑"、"值百万美金的笑容"。

微笑是世界上最有魔力的表情，它可以点亮天空，可以振作精神，可以改变你周围的气氛，更可以开启你的梦想。

原一平说："你的这张脸不只是为了吃，天天洗，每日刮胡子，或化妆。它是为了呈现上帝赐给人类最贵重的礼物——微笑。"老实说，皱眉头比微笑牵动的肌肉更多。你对别人皱的眉头越深，别人回报你的眉头也就越深。但如果你给对方一个微笑的话，你将得到十倍的利润。

还有一位成功人士曾道出他的成功秘诀："如果长相不好，就让自己有才气；如果才气也没有，那就总是微笑。"微笑不仅能够展示自己的自信，也传递了一种乐观积极的生活态度，它可以显示出一个人的思想、性格和感情。微笑是富有感染力的，一个微笑往往带来另一个微笑，能使双方得以沟通，建立友谊、融洽关系。这样，人与人之间的关系可能会单纯得多、轻松得多。

对敌手，微笑是一种大度；对伤害过自己的人，微笑是一种宽容；对陌生人，微笑是交流；对朋友，微笑是友谊；对亲人，微笑是挚爱……一路带着微笑走下去，心情会因微笑而快乐；如果我们能够微笑，能够有安详平和的心境，那么不但我们自己身心受益，而且周围每个人都将受到感染和滋润。

微笑是一种美丽的表情，微笑的面孔永远年轻。微笑可以驱散心头淤积的悲伤与苦痛，可以给疲惫者奋起前行的力量，可以给弱小者寒冬中的温暖……

奥斯特洛夫斯基说过："人的生命，似洪水在奔流，不遇着岛屿、暗礁，就难以激起美丽的浪花。"在生活中我们会面临各种各样的挑战，考试败北，伤心失落写在脸上，为什么不用笑容抹去眼角的泪水；失意苦恼时，心头一片愁云，为什么不用笑容驱走那一片阴霾。有言道："伟大的心胸应表现出这样的气概——用笑脸来迎接悲惨的厄运，用百倍的勇气来应付一切的不幸。"

生活中摸爬滚打的人们，即使前方有太多的坎坷，也要微笑着继续。我们将多一份坦然，少一些遗憾。用微笑去点缀今天，用微笑去照亮黑夜。也许此刻你正沐浴幸福或是遭受着不幸，请记住：一切都会过去，请微笑着继续。

凡事不求精明，但求自在

聪明反被聪明误，做人不妨低调一些。凡事不求精明，但求自在，这是人生的一种大境界、大智慧。真正聪明的人不会时刻想着出风头，而是懂得适时地隐藏自己，自在处事，有大原则，胸中有大志向，能够低调做人，洒脱大度，相对来说，更能够成就一番大事业。

三国时期的刘备是个有大胸怀大计谋的人，先前他投靠曹操之后，为防备被曹操陷害，就在后院中种菜。他亲自浇灌，以为韬晦之计。看到大哥这样，关羽、张飞很是生气，就问："兄长，你现在不去关心国家大事，却在这里务农，真让人无法理解！"刘备说："我这样做自有我的用意，二位兄弟切勿焦躁。"

而曹操为了试探刘备是否有野心，就请刘备赴宴。刘备不知曹操的用意，心中很是忐忑不安。当两个人饮酒在半醉半醒之时，外面忽然阴云密布，骤雨将至。曹操就问刘备："玄德你久历四方，一定是非常了解当世的英雄的，现在你可以说给我听听。"刘备就历数了袁术、袁绍、刘表、孙坚、刘璋、张鲁、张绣等人。曹操鼓掌大笑说："这些碌碌无为之辈，根本不值得提。"刘备说："除了这些人，实在不知道了。"曹操马上笑着说道："凡是英雄，必然是胸怀大志，腹中怀有良策，有包藏宇宙玄机，吞吐天地之气的人。"刘备问："当今天下，那谁能称得上是英雄呢？"曹操说："当今天下的英雄，只有您和我了。"

听罢此话，刘备心中一惊，手中的筷子拿不住就掉在了地上。这个时候，恰巧空中雷声震耳，刘备吓得赶紧去捡筷子，并说道："一震之威，真是把我吓坏了。"曹操笑着说道："大丈夫也害怕雷震吗？"刘备说："圣人说过，'迅雷风烈必变'，我怎么不怕呢？"如此将自己的失态轻轻掩饰而过。曹操想，连雷声都怕的人，能成什么气候呢？

然而，谁也不知，刘备采用的是大智若愚的策略，懂得适时地隐藏自己的才能，保全了自己的性命，这为他以后成就大业，奠定了坚实的基础。

要小聪明只能一时得益，大智慧才是长久之计。一事当前，只有避过风头才能够考虑事情接下来的发展。"木秀于林，风必摧之"，虚怀若谷才能够更好地适应环境，这是一种睿智、豁达的胸襟气度，也是懂得随机应变、见机行事的机智。

正如苏东坡所说："大勇若怯，大智若愚。"真正大智大勇之人，都是低调的，含蓄的。为此，生活中，要学会低调，这样才能让自己获得更多的快乐与自由。

第五章

精进不懈怠：
求人不如求己，人救不如自救

　　精进即为努力向善向上，就是要求人们对人生不放纵、不懈怠，努力追求，专心做一件事情，这样才能从充实的生活中，获得满足和快乐。

　　当然，在前进的过程中，要依靠自身的力量，才能使生命焕发出激情，才能远离迷惘、痛苦，获得踏实、快乐和满足。不要将希望过多地寄托在他人身上，自助者，天助之，依靠自己的力量，才能真正脱离苦海，收获光明的未来，获得自信和超然的人生。

别堕落，你没资格

在小学的时候，有一次我考出了好成绩，老师就送给我一张世界地图，当时高兴极了。跑回家就开始看这张世界地图，十分不幸，那天刚好轮到我为家人烧洗澡水。我就一边烧水，一边在火炉边看地图。当我看到埃及的时候，心中十分兴奋，因为在学校的时候，就常听老师说埃及是个神秘的地方，有金字塔，有法老，有艳后。我当时就想，长大后一定要到埃及去。

然而，当我正想得出神的时候，爸爸从浴室中冲了出来，身上裹了一条浴巾，大声对我说："火都熄灭了，你在干什么？"我说："我在看世界地图，听老师说埃及有……"可是，我的话还未说完，爸爸就生气地给了我两个耳光，然后说道："赶快生火，那地方有再多的东西，我也保证，你这辈子永远也到不了那个地方！"说完之后，就一脚把我踢到火炉旁边去。

面对这样的情况，我顿时惊呆了，扪心自问："我爸爸怎么能给我这样奇怪的保证，这辈子真的永远到不了埃及吗？"然而，我又想，这辈子我一定要到埃及去，证明爸爸的说法是错误的。

在之后的 20 年中，我心中一直在告诫自己："这个世界上谁都可以堕落、颓废，唯独自己不能，否则，一生就真的永远无法到达埃及！"于是，我就不断地努力。有的朋友曾问我："你到埃及去干什么？"那个时候，还没开放观光，出国也是极为困难的。我曾经对朋友说道："因为我的生命不能被保证！"

"经过 20 年的努力，终于有一天我到了埃及，就坐在金字塔前面的台阶上，买了一张明信片寄给爸爸。我这样写道：亲爱的爸爸，我现在在埃及的金字塔前面给你写信。记得小时候你曾经给我两个耳光，并保证我以后永远到不了这么远的地方。现在，我就坐在这里给你写信。我也异常感激你，正是你的那个保证，让我这几十年来无论在什么样的境遇下，都没有堕落和颓废！"

无论你是笼罩在失败阴影之下的刚毕业的大学生，还是不顺心的工作者，你都必须要找到自己的信心，然后去加倍努力，否则，一辈子浑浑噩噩，无所作为，只会让他人更加地鄙视你、瞧不起你。

爱自己的最好方式就是努力奋斗，让自己更快地优秀起来。别郁闷没有人理解自己，找不到真爱，要知道，一个连自己都不爱的人，如何能让别人爱你呢？你有什么值得别人理解，值得别人爱？往往一个人在乎的不是什么外界的物质，而是一颗奋斗的心。

勿让梦想在等待中搁浅

把梦想放在心里，会开出勇敢的花，但若一直不敢用行动去灌溉它，这朵花迟早会枯萎。因为梦想经不起等待，尤其不能以实现另外一个条件为前提。梦想不在于有多遥远，而在于我们仅仅是把它供奉在心里，还是为了实现它而采取了行动。

随意的生活，并不是让灵魂空虚无聊地生活，而是勇敢地去追求自己的梦想，做自己想做的事情，成为自己想成为的人。如此才能够穿越岁月的迷雾，让生命展现出别样的色彩。

时间可贵，青春可贵，生命可贵，机遇也是可贵的，你觉得梦想可以等待，殊不知，时间不会等你，许多美好的事物，往往都是在等待中被搁浅了。

一对兄弟住在一座高楼的第 80 层。有一次，他们外出旅行归来，想要乘坐电梯，却发现大楼停电了。这可怎么办？他们住在这幢大楼的 80 层，为了赶紧回家，两兄弟决定爬楼梯上去。

起初，他们还士气十足，可是爬到 20 层的时候，兄弟俩就觉得体力不支了。哥哥说："这个包实在太重了！我们先把它放在这儿吧，等来电后坐电梯来拿。"于是，他们把行李包放在了 20 楼，卸掉了这个包袱，他们顿时觉得轻松多了。

两兄弟有说有笑地往上爬，到了 40 层的时候，他们累坏了，想到还有 40 层楼梯要爬，他们开始互相埋怨，指责对方没有注意大楼的停电公告。在争吵中他们一步一步地往上爬，就这样又爬到了 60 层。到了 60 层，他们累得已经没有力气再吵架，弟弟说："既然都到了 60 层，我们别再吵了，干脆爬完算了。"于是，兄弟俩默默地往上爬，终于到了 80 楼。

好不容易走到家门口的兄弟俩非常兴奋，可这个时候他们突然发现，钥匙丢在 20 楼的行李包中了。

这则故事中没有直接说明人生的梦想，但是却蕴涵了极深的道理。一个人在 20 岁之前，因为身上背负太多的压力，活在父母和师长的期望之下，当时的自己不够成熟，所以步履很不稳当；在 20 岁之后，我们彻底摆脱了众人的期望和一系列的压力，卸下了沉重的包袱，开始专心地追逐自己的梦想，于是又愉快地度过了 20 年；到了 40 岁的时候，猛然回首，发现青春已经不再，不免觉得有些遗憾和追悔，因此开始不停地惋惜、纠结、抱怨……在这样的一种状态下，生活还在继续，一转眼就到了 60 岁。

这时，人们突然意识到人生已经所剩不多，警告自己不要再抱怨，珍惜剩下的时间。于是，默默地度过自己的余年，直到生命的尽头，又忽然想起好像有什么事情还没有完成。原来，是自己把所有的梦想都留在了 20 岁的青春岁月，还没有实现。所以说，梦想如果不趁早去追，很可能就在匆匆赶路的途中，被遗忘了。

所以，当下的我们千万不要再纠结于如何实现人生的意义，奔着你的梦想大踏步向前吧！否则，你的后半生有可能就要在纠结和悔恨中度过了。

新东方董事长俞敏洪说："每条河流都有自己不同的生命曲线，但是每一条河流都有自己的梦想，那就是在转弯处奔向大海。我们的生命有时候是泥沙，你可以慢慢地像泥沙一样沉淀下去，一旦你沉淀下去了，也许你不用再为了前进而努力了，但是你却永远也见不到阳光了。"

要知道，梦想是人生的翅膀，插上了，才能够远翔。在人生不同的阶段，会有不同的历练和想法。如果等到所有的条件都成熟才去行动，那么你也许就要永远在纠结中度过了。

别让任何人偷走你的梦想

一位哲人说，这个世界上没有什么做不了的事，因为昨天的梦想，可能是今天的希望，还可以是明天的现实。梦想对于一个人来说是极为重要的，它是一个人生命的支撑。一个没有梦想的人，就像断了线的风筝，没有方向和依靠，又像大海中迷失方向的小船，永远无法抵岸。你的梦想决定了你的人生，所以，在任何时候，都要"看"好你的梦想，别轻易让人偷走了它。

在一节小学的作文课上，老师给小朋友们出了这样一个作文题目："我的志愿"。

一位小朋友非常喜欢这个题目，就在他的簿子上面，飞快地写下他的梦想，他希望将来自己能够拥有一座占地十余公顷的庄园。庄园中有无数的小木屋，有游乐场，有休闲旅馆。除了自己住在那里以外，还要让所有的游客都分享自己的庄园，那里有供他们歇息的地方。

作文写好后，交给老师过目。令人吃惊的是，簿子上面被画了一个大大的红叉，而且，还被老师要求重写。

小朋友仔细地看了看他所写的内容，并无什么错误，就拿着作文簿去请教老师。

老师告诉他说："我要你们写下自己的志愿，而不是让你做梦。我要实际的志愿，而非虚无的幻想，你知道吗？"

这位小朋友委屈地争辩道："可是，老师，这真的是我的梦想啊。"

老师也坚持地说道："不，那是不可能实现的，那只是一堆空想，我要你重新写。"

小朋友不肯妥协："我自己心里很清楚，这才是我真正想要的，我不愿意改掉我梦想的内容。"

老师摇了摇头说道："如果你不能重新写一篇，我就不能让你及格，你要明白，不及格对你来说意味着什么。"

小朋友再次摇了摇头，还是不愿意重写，最终，那篇作文得了一个不及格的分数。

事隔三十年之后，这位老师带着一群小朋友到一处风景秀丽的庄园度假。他们尽情地享受这里的绿草地、舒适的小木屋和充满欢乐的游乐场。而这个庄园正是当年那个作文不及格的学生开设的。

如今，这里建起一片广阔的度假庄园，真正地实现了他儿时的梦想。

老师凝望着这个庄园的主人，想到自己三十余年的教师生涯，不禁唔叹道："三十年来，不知道我改掉了多少学生的梦想。而你却是唯一保留自己的梦想，没有被我改掉的。"

心爱的东西不见了，可以再去买；钱没有了，可以再赚回来；而梦想被人偷走了，就难以再寻觅回来了。所以，无论在什么情况下，都要好好守护你的梦想。要记住，梦想并非是不切实际的空想，要看你是否执着于它，并且愿意为此付出努力。只要你自己认定了你要追求的，并且那是正确的，就不要受他人的左右，自己要为自己的梦想做主，不要让任何人的想法改变它。

生活中，当有人神色郑重地告诉你你的梦想是不切实际的，是不可能实现的，你也要脚踏实地，好好做事。如果你是个脚踏实地的人，就要紧紧地握住你的梦想，别害怕他人的冷嘲热讽，当你信心满怀、信念坚定的时候，谁也无法偷走它。你要勇于浇灌梦想的种子，使之成为茁壮的参天大树。

凡事不苛求他人，依靠自己

在生活中，很多人一遇到困难，第一反应就是求助于父母、朋友、同事……以为他们都是生命中长长的路，认为他们是可以信赖、可以依靠的人，一旦得不到帮助，便心存抱怨，万分沮丧。殊不知，他们只是生命中短短的一座桥，甚至一个过客，不是自己可以长久依靠的肩膀。

所谓"各人吃饭各人饱，各人生死各人了"。凡事皆是自作自受，唯有自己才可以改变自己的命运，自己的行为，决定自己未来的一切。凡事都要靠自己，别人是替代不了的。

有一天下起了大雨，一个人在屋檐下面避雨。他看到一位禅师撑着雨伞从自己的面前走过，便大声地喊道："禅师，佛法不是教我们要普度众生吗？你度我一程怎么样？"

那位禅师停下来说道："我在雨中，你却躲在屋檐下面，而屋檐下面又根本不能被雨淋着，为何还要让我去度你呢？"

那个人听到禅师这样说，就立刻从屋檐下冲出来，站在雨中大声说道："我现在已经在雨中被雨淋了，你可以度我了吧。"

禅师说道："你在雨中，但我也在雨中，我没有被雨淋到是因为我带了伞，而你被雨淋是没有带避雨的用具。准确地说，不是我度你，而是伞在度我。如果你要度，不要找我，请你自己找些避雨的用具来吧。"那个人在雨中在难受，就说道："你不愿意度我，早说啊，何必要绕如此大的圈子，让我白白在雨中淋了这么大一会儿。我看佛法讲的根本不是'普度众生'，而是'专度自己'。"禅师听罢此话，心平气和地说道："想要不被雨淋，就去找雨具来啊。真正悟道的人是不会被外物所干扰的。雨天不带伞，一心想让别人帮助自己，这种想法是极为害人的。如果每个人都总想着依赖别人，自己又不肯出力，到头来一定什么都得不到。每个人都是有本性的，只不过有的人还没有找到，平时也不愿意去找，只想依靠别人，不肯利用自己的潜在资源，仅将眼光放在他人的身上，这样内心是如何也不会平静，也不会获得成功的。"

其实，禅师不肯借伞，是禅师的大慈悲。人要被度，不能够去指望别人，而是应该依靠自己。

人生在世，每个人都渴望获得幸福和快乐，但是很多人却将希望过分地寄托在他人的身上，而不愿意自己努力，只想苛求他人，所以，总会感到心累，总是不能够称心如意。自助者，天助之。人生在世，难免会遇到困境。如何才能彻底摆脱困境呢？极为关键的一点，就是要拥有一颗自度之心，依靠自己去努力，不去苛求他人，就能活得自在，活得惬意。

为人生做个规划，让内心获得平静

卡耐基说过：我非常相信，及时地为自己的人生做个规划，是获得心理平静的最大秘诀，因为我心中时刻充满了信念。而我也相信，只要我们能定出个人规划来，什么样的事情都是值得我们去做的。并且我能够清楚地知道自己的下一步该去做什么，我需要过一种什么样的生活。如此一来，可以消除掉我 50％ 的忧虑。卡耐基就是在告诉我们，不让自己感到空虚和迷惘，就要及时给自己的人生做一个规划，这样才能够时刻提醒自己要勇猛精进，才不至于等到生命结束的时候才后悔人生的虚度。

一天傍晚时分，老和尚给所有的弟子讲了一番道理，他说："世界上共有四种马。一种是绝等的良马，一种是好马，一种是庸马，一种是驽马。第一种绝等的良马，主人为它配上马鞍，套上辔头以后，它奔跑的速度就会如流星，能够日行千里。尤其可贵的是：当主人一扬起鞭子，它只要看到鞭影，便能够知晓主人的心意，迟速缓急，前进后退，都能够揣度得恰到好处。这就是深受世人称赞的能够明察秋毫的一等良马。

"第二种是好马，当主人的鞭子抽过来的时候，它看到举起的鞭影，但是它不能够马上警觉。等到鞭子扫到了它尾巴的毛端之时，才能够知晓主人的意思，便会马上向前奔驰飞跃，也可以算得上是反应灵敏，矫健善走的好马。

"第三种庸马，不论主人多少次扬起鞭子，它看到扬起的鞭影，不但不能迅速地做出反应，甚至等皮鞭如雨点般抽打在它的皮毛上，它始终都无动于衷，反应极为迟钝。等到主人鞭棍交加，将皮鞭落到它的肉躯上时，它才能够察觉到，然后才会顺着主人的命令向前奔跑，这等马是后知后觉的庸马。

"第四种驽马，当主人扬起皮鞭之时，它也视若无睹；即便是将鞭棍抽打在它的皮肉上，它也仍旧毫无知觉。直至主人盛怒之极，它才能如梦初醒，放足狂奔。这种马是愚劣无知的驽马，因为它的冥顽不化，最终得不到人们的喜爱。"

老和尚将话说到这里时，突然停下来，眼神极为柔和地扫视着在座的各位弟子，看到弟子们聚精会神的样子，心中极为满意，老和尚继续用庄严而又平和的声音说道："弟子们，这四种马分别对应的是四种不同的人生。第一种人看到自然无常变异的现象，生命陨落的情况，便能够悚然警惕，奋起直进，努力去创造一个崭新的生命。第二种人则是看到世间的变化无常，看到生命的大起大落，也能够及时地鞭策自己，从不懈怠。第三种人则是等看到自己的亲友经历了颠沛流离的人生，经历过死亡的煎熬后，非要等到亲自尝到鞭杖的切肤之痛后，方能幡然大悟。第四种人是当自己病魔侵身，四大离散，风烛残年的时候，才悔恨当初没有及时努力，在世上空走了一趟。就像第四种马，非要受到彻骨的剧痛后，才知道奔跑，然而，一切都已经晚了。"

四种马代表了四种不同的人生，我们要想不让自己沦落为第四种马的悲惨结局，就要及早地为自己的人生做一个规划，这样才能时刻激发自己不断前进，才不至于等到一切都结束的时候，才去懊悔人生的虚度。

早期的太空英雄巴兹·奥尔德林在自己成功地登陆月球后不久就精神崩溃，他的亲朋好友都对他的遭遇感到极为困惑，因为奥尔德林在登月之后，感情和家庭方面都很春风得意。

几年后，奥尔德林在他撰写的一本书上回答了周围人对他遭遇的疑问。奥尔德林这样写道："导致我精神崩溃的原因很简单，因为我忘了自己在登月之后，自己以后该做些什么，自己如何才能继续生活下去。"

这就是说，奥尔德林除了登月这件工作之外，在其他方面没有任何目标，所以，他一回到地球，便无法找到一个属于自己的生活方向，最终精神处于崩溃的边缘。

在生活中，有些人在前进的道路上步步向前，极为充实；而有的人则止步中途，让心灵感到迷惘，主要原因就在于，后者没有为自己的人生做好一个规划。

我们自从来到这个世界上，一生都是在赶路的，而路时刻就在自己的脚下不断向前延伸。只有明确方向的人，才能在人生空间的坐标中找准自己的位置，才知道自己为何要向那个方向前进。而不清晰方向的人，则永远不知晓自己的具体位置，不知道未来要去向何方，更不知道自己存在的意义。所以，从现在开始，请为我们的人生做出一个合理的规划，为生命的每一天都列出一个清单，并努力遵循你的规划向前，相信这样你永远不会感到迷惘，最终也能收获到梦想的果实，获得有意义、有价值的人生。

爱是一种承诺，婚姻是一种责任

爱情是一种承诺，在爱情中，双方一旦有了承诺，做不到就是一种无言的伤害；婚姻是一种责任，当两个人步入婚姻殿堂之后，就要承担和履行起家庭的责任和义务，这样才能使婚姻更和谐、稳定。

妻子带着孩子外出旅游去了，留下男人一个人在家中。女人不在，几天来，男人都是一个人喝着啤酒，不停地调换电视频道。这个时候，一个女孩子的电话打过来了，她说，我一个人在家闲着无事，到你家里坐坐吧。男人吞吞吐吐地说："这……恐怕不行，我正要出去。"其实，这个时候，女孩已经在男人家楼下了。

女孩是男人的下属，女孩多次对他表示好感，而男人都巧妙地拒绝了。男人知道，年轻女孩子的心都是一张空白的纸，他已经成家，没有资格在上面留下任何的墨迹。

女孩已经站在了男人家的门口，手里提了很多东西，还有一瓶红酒。无奈之下，男人就让女孩进了家门。男人说道："今天我下厨吧。"

女孩则说道："不用了，你歇着吧。"于是就在厨房中忙碌起来。男人忙不迭地收拾房子，他偶然看到女孩子忙碌的背影，突然有了一种莫名的感动。就那么一会儿，他立即将这种感觉压在了心底。

男人有些惊慌，他一个人到书房里，开始不停地给熟悉的人打电话，约他们来家中吃饭。然而，朋友们却都不在。过了一会儿，女孩已经在喊他了，他到厨房猛地愣了一下，女孩端给他的是一盘热气腾腾的饺子，也是他最爱吃的。平时，他和太太因为太过忙碌，都没有时间包饺子。

两盘热气腾腾的饺子，几碟小菜，一瓶红酒，女孩的脸上挂着柔柔的笑，搅动了他的内心。说不清楚为什么，他就在女孩不注意的时候，关掉了手机，拉上了阳台的窗帘，他只能够听到自己心跳的声音。

一瓶红酒下肚之后，女孩子说自己头晕，就软绵绵地躺在了男人的怀中。男人承认女孩子是美丽的，就紧紧地把她抱在怀中，也就在那一刹那，他才突然觉得女孩的身躯是如此的弱小，在他宽阔的肩膀里像个孩子似的睡着了，很像他的女儿，他的心猛然一颤。

女孩安静地在他的床上睡着了，他轻轻地带上了门，走了出去。也就在这个时候，客厅的电话响了，是妻子和孩子打过来的。

男人仍然喝着酒，晕晕的，手中不停地换着频道。他分明听到了里屋女孩轻微的心跳和呼吸。然而，他却努力地让自己的心冷静下来。

女孩醒来的时候，已经是第二天的早上。男人坐在客厅的沙发上竟然一夜未眠。男人为女孩准备了早点，在吃饭的时候，女孩问男人说："你不喜欢我吗？"男人说："喜欢啊！"

"你难道不寂寞吗？"女孩接着问道。

"有一点。"男人答道。

"可是……你怕我纠缠你吗？"女孩忍不住又一次发问。

男人认真地说："爱情是一种承诺，婚姻是一种责任，因为有了责任，便不能再对其他人承诺了。就像这碗稀饭和煎蛋，尽管总觉得吃着它没什么味道，但是你每天还不得不做，不得不吃，有时候甚至觉得它难吃，但是如果不吃，心里就会觉得空荡荡的。"

女孩顿时明白了，沉默了一会儿就离开了。送走了女孩，男人也感觉到从未有过的轻松。

爱是一种承诺，是一种诚信，是需要付出代价的。如果不爱，或者无法承受，就别轻易打开爱的心门。诱惑和寂寞，都是不爱的理由，任何时候，男人都要经得起诱惑，女人都要耐得住寂寞。

告别颓废，命运掌握在自己手中

人的命运就像一座雕像一般，而磨难则是一把锋利的雕刻刀，人们则是用这把刀来刻画命运的雕塑家。一尊好的雕像的诞生，必须要经过磨难的洗礼，更要雕塑家的坚毅和深沉的内在性格作支撑。所以，在追求成功的道路上，我们要将磨难看成是磨砺个人成长的机会，不要让自己消沉，掩埋在颓废之中。因为命运永远掌握在你自己的手中，要想达到最终的目标，就要及时振作起来，练就雕塑家的坚毅与深沉的性格。

日本寿险第一推销大师原一平，在某公司做销售经理时，曾经遇到过居心不良的人士。这些人到处散布该公司发生财务危机的谣言。谣言一经传出，就影响公司内部销售员工的向心力和工作热情，最终使公司整体的销售业绩不断下滑。

因为情况极为严重，原一平为了挽救局面，就召开一次员工大会。在会议刚刚开始的时候，先让部门中几个业绩好的销售员站起来，要他们说明一下部门销售量下滑的原因。这些销售员都将原因归结于经济不景气，抱怨公司的广告宣传做得不到位，再者就是抱怨消费者对产品的需求量太小等等。

听完他们的抱怨后，原一平就站起来让大家安静。然后就接着说道："停，我们的会议暂停十分钟，我现在要把我的皮鞋擦亮一些。"于是，他就打电话让公司附近的一名小鞋匠到会议室来，把他的皮鞋擦亮。参加会议的销售人员都不明白他这一举动是何用意，禁不住开始窃窃私语。

那位小鞋匠利索地擦着皮鞋，表现出了最专业的擦鞋技巧。皮鞋擦完之后，原一平就付给他几日元小费，然后向参加会议的人说道："我希望你们每个人都看看这位小鞋匠，他每天都要擦上百双皮鞋，除了维持生计外，每个月至少还能存下不少的一笔钱。他曾经告诉我说，他已经将擦皮鞋的工作当成了一项艺术来做。同他在一起的还有另一位小男孩，年纪要比他大一些，那个男孩每天都很尽力，但仍旧无法赚取足够的生活费。试问，那个大男孩拉不到生意，是谁的错呢？他的错，还是顾客的错呢？"

"当然是他自己的错！"大家都异口同声地说道。

"是的。"原一平回答，"现在我可以告诉你们，这个时候与一年前的情况是完全相同的，同样的地区，同样的对象，同样的商业条件，你们的销售业绩却远远比不上去年，这究竟是谁的错呢？是你们的错，还是客户的错，还是大环境的错？"

全体推销员全部都站起来，又发出雷鸣般的回答："都是我们的错。"

原一平又说道："我极为高兴你能够坦率地承认你们的错误，现在我要明确地告诉你们错误在哪里。你们一定是听到了公司财务发生问题的谣言，才动摇了你们的销售理想，影响了你们的工作热情。不是由于市场不景气，而是你们的推销工作不如以前那样卖力了。现在，只要你们回到自己的销售区去，并保证在30天内提高自己的销售业绩，公司就绝对不会出现财务危机，你们能够做得到吗？"

"做得到！"所有的员工一起大声地喊起来。最终，他们果然办到了，还使公司的业绩突破了历年来的最高纪录。

人既然到了这个世界，做任何事情都要全力以赴。哪怕你做的是最为卑微的职业，只要你能够全力以赴，便能做到最好。就像故事中的小鞋匠一样，将擦鞋当作一项艺术来做，全身心地投入，内心便不会被消极的情绪所占据。如果你能在当下的工作中做到全力以赴，全身心投入进去，即便你的能力一般，也可以做出成绩的。

很多时候，我们的热情完全掌握在自己手中，只要你时刻用一颗热忱的心去面对工作，认真对待你的事业，那么，你就能够彻底告别颓废，让人生更为精彩。

用自己的双手采摘幸福的果实

人，永远不应该把幸福寄托在别人身上，只有依靠自己，才能采摘到幸福的果实。

有一只小蜗牛询问妈妈："为何我们从出生到现在，都要背负如此沉重的硬壳呢？"

蜗牛妈妈笑了笑说道："因为我们身体中没有骨骼的支撑，只能缓慢地向前爬行，而且速度还很缓慢，所以，我们需要这个壳的保护。"

小蜗牛抬起头，疑惑地看着妈妈，说："毛毛虫姐姐也没有骨头，爬得也很慢，为什么它就不用背着这个又硬又重的壳呢？"

蜗牛妈妈说道："因为毛毛虫姐姐可以变成蝴蝶，天空会保护它啊。"

"可是，蚯蚓哥哥也没有骨头，爬得也不快，又不会变成蝴蝶，为什么它也不背着这个又硬又重的壳呢？"小蜗牛依然很不理解。

蜗牛妈妈说道："蚯蚓哥哥会钻土啊，大地会保护它们啊。"

听到妈妈的这番话之后，小蜗牛哭了。它大声地说："妈妈，我们好可怜呀。天空不保护我们，大地也不保护我们。"

蜗牛妈妈安慰小蜗牛："不要哭，孩子。我们不靠天，也不靠地，我们靠自己。"

在任何情况下，我们都不要把幸福寄托在他人身上，那样会让我们失望，会让我们抱怨，会让我们纠结，会让我们永远生活在痛苦之中。你想获得幸福，却不想做一件能让自己幸福的事情，总巴望着别人能给自己幸福，那么，如何才能等到自己想要的幸福呢？

记住，对你最好的人永远是你自己。要获得幸福，就要把所有的事情交给自己去做。要知道，一个人只有好好地把握住自己，才能真正地强大起来，才能够构造坚固的幸福堡垒。如果你不能把自己撑起，别人也不可能一直将你撑起，因为任何力量都无法胜过自己内心的强大。

发掘自己的潜能，人生不设限

澳大利亚残障人士力克·胡哲在他的《人生不设限》中这样写道："当你找到生命真正的目标时，热情就会随之产生，你就会为了追求这个目标而活。如果你还在找寻人生道路，你要知道，出现挫折感是很正常的。这是一场马拉松，不是短距离赛跑。你渴望活得更有意义，就表示你还在成长，还在超越极限、发展自己的天赋才能。时时检视自己身在何处，并思考自己的行动和优先顺序是否符合你的最高目标，是很健康的做法。"它告诉我们，人生不设限，每个人都有无尽的潜能，无论你身处何地，都不要将自己固定在一个特定的圈子里，不要习惯地否定自己，以至于让恐惧扼住了心灵，使自己在困难面前苦苦挣扎，不得解脱。

我们身上蕴藏着巨大的潜能，很多时候，你缺少的就是尝试的勇气。

科学家说，人在困境中身体内会分泌大量的肾上腺素，可以激发无尽的潜能，可以促使人跑得更快，跳得更高，更有智慧，力量也会更强，从而做出惊人的壮举。而人处于宽松的环境中，则是不可能爆发出这种惊人的潜能、做出惊人的成就的。所以，当我们处于困境中，一定要坚信自己的能力，消除那些阻碍我们前进的消极思想，努力去尝试，就一定能够让自己摆脱困境，走出迷惘的状态。

罗尔斯从小就生活在美国贫民窟中。在那儿出生的孩子，长大以后是很难获得一份体面的工作的。但是，罗尔斯则是个例外。他不仅顺利地考上了大学，而且还成为纽约州的州长。就在他的就职记者招待会上，罗尔斯向大家讲述了他的奋斗史，他成功的动力主要源于他的小学校长皮尔·保罗的一句话。

当年，皮尔·保罗被聘为大沙头区诺必塔小学校长，当他满怀信心地第一次走进这个小学的时候，他发现这儿的孩子比"迷惘的一代"还要无所事事。他们经常旷课、打架斗殴，甚至还砸烂教室的玻璃和黑板。

看到当前的状态，皮尔·保罗决定改变一下。而他改变的秘诀是"鼓励"。罗杰·罗尔斯就是其中的一位"受益者"。

有一天，当罗尔斯从窗台上面跳下来，伸着小手走向讲台时，皮尔·保罗却对他说："我一看你修长的小拇指头就知道，你将来一定会成为纽约州的州长。"

罗尔斯当即大吃一惊，长这么大，只有奶奶说过他将来有可能会成为一个5吨重的小船的船长。对于皮尔·保罗先生的称赞，罗尔斯着实有些意外。于是，他就记下了这句话，并且相信了它。也就是从那天起，小罗尔斯的衣服上不再沾满泥土了，他说话时也不会再夹杂污言秽语了。他开始挺直腰杆走路了，在以后40多年的时间中，他没有一天不按州长的身份去要求自己。果然，就在他51岁那年，真的成为了纽约州的州长，而且是美国纽约州的第一位黑人州长。

在他的就职演说中，罗尔斯这样说道："在这个世界上，信念这种东西任何人都可以免费获得，所有成功者最初都是从一个极小的信念开始的。正是当初皮尔·保罗对我说的那句话，让我从小就拥有了一个坚定的信念，在漫漫的人生旅途中，它一直激励着我，使我有了今天的成就。"

罗尔斯是幸运的，因为在他还未开启人生奋斗旅程时，他的校长皮尔·保罗就给他小小的心灵种植了一个信念，将他的潜能完全地激发了出来。其实，每个人都有无限的潜能，只要你能坚持信念，就一定可以达到自己的目标。

卡耐基曾说："人的潜能都是无限的，当它释放出来的时候，连我们自己也会感到惊讶，因为我们通常都认为那是自己不可能做到的事情。这种能力的爆发有时候需要强烈的刺激，有时候需要坚强的意志。"所以，当我们处于人生的困境时，一定不要担心自己面对的问题太困难，也别害怕自己前面的路会太漫长，不要给自我设限，只要肯想办法去解决，任何困难与问题都会有答案，关键是自己一定要有必胜的信念。

既然活着，就要以最好的方式

漫漫人生征途，每个人都会遇到各种各样的困难和无奈，我们身边总会发生一些令我们不愉快和无法接受的事情，这些事情让我们活在痛苦之中，以至于对人生充满了绝望。继而，有的人放弃了生命，有的人选择了在颓废和忧郁中度过。

既然选择了生活下去，为什么就不能以积极阳光的态度去面对生活呢？无论过去发生了什么，过去的已经过去了，为什么不珍惜当下的生活呢？人的一生极为短暂，不过是几个日出日落，几许花开花谢。所以，人生在世，无论遇到什么困难，都要以积极乐观的心态去面对，不自暴自弃，不沉溺于悲伤痛苦中，要以最好的方式生活下去。

罗杰是个不幸的孩子，在他7岁的时候生了一场重病，病好后，一只眼睛却永远地看不见东西了。父母从此以泪洗面，而罗杰却乐观地安慰父母道："还好，只是瞎了一只眼睛，要比那些双目失明者幸运多了。"

后来，罗杰到了娶妻的年纪，因为身有残疾，没有姑娘愿意嫁给他，结果就娶了一个先天兔唇的姑娘。姑娘娶进门后，父母一见她的双唇那样难看，心里难受，于是连连叹息和摇头。没想到罗杰却反过来劝父母说道："还好，能娶到这样一个媳妇，与那些什么也没有的光棍相比，咱还不是好到了天上？好歹咱还会有个后代。"父母一听儿子的话，觉得有道理，就变得坦然了，高高兴兴地做起公婆来。

妻子给罗杰生了五个女儿，没能生出一个儿子，罗杰也毫不在意，对媳妇说："还好，咱们还有女儿，世界上还有很多结了婚的女人，压根儿就不会生孩子。"于是妻子把嘴一咧，再也不觉得内疚了。

罗杰家里缺吃少喝，他又对家人说："还好，咱们还有稀饭喝，和讨饭的人们比，咱这日子还算在天堂里……"

再后来罗杰老了，也开始盘算着他的棺材，可是家里实在穷，就只得用最次等的槐木做了一口最薄最不气派的棺材，面对老伴愧疚的眼神，罗杰满意地说："比起那些穷得买不起棺材、死了以后尸体用草席卷的人，不是要好得多吗？"

罗杰是在85岁那年的冬天去世的。临终前，听到老伴在床头哀哭，他还用极微弱的声音劝道："哭啥？我已经活了85岁了，比起那些活八九十岁的人，我不算高寿，可比起那些活四五十岁的人，我这还算活得长的哩！"

就这样，罗杰走完了他的一生，虽然在旁人看来罗杰一生过得穷困潦倒，但对于他自己来说，这确是平凡而幸福的一生，直到他死，嘴角还带着淡淡的笑容……

既然活着，就要选择最好的方式。想想罗杰，想想我们自己，就会发现，原来幸福真的很容易。那么，从现在起，让我们珍惜自己所拥有的一切，淡然地对待那些我们得不到的，幸福和快乐就会悄然到来。

生命充满了变数，但有一点不会改变，那就是总有一天，我们要离去，不知道哪一天，会以什么样的方式。可能就是这个世界有太多无法预料的事情，从而激发了我们的生命力，让我们可以锲而不舍地来面对世事。同时，就是这种积极的态度，使我们以开阔的心胸面对未来，深刻体会到生命每一刻的存在，珍惜生活中的每一秒，就是对生命的一种善待。

绝望的一刻，也是希望的开始

一位哲学家说："在人生绝望的那一刻，往往是新的希望的开始。一切危机的尽头，往往是转机，山穷水尽的地方，往往会柳暗花明。"也就是说，这个世界上从来没有真正的绝境，也没有真正的痛苦，有的只是绝望的思维、痛苦的想法，只要心灵不干涸，只要心中还有阳光，就能摆脱迷惘，看到光明的希望。

在智利的北部有一个叫邱恩宫果的小村子，这里西临太平洋，北靠大沙漠。由于本地特殊的地理环境，使太平洋冷湿气流与沙漠上的高温气流终年交融，形成了多雾的气候。

但是浓雾却丝毫滋润不了这片干涸的土地，因为白天极为强烈的日光能将浓雾蒸发。

一直以来，这片长久被干旱肆虐的土地上，看不到一丝绿色，人们几乎也看不到一丝生机。几年后，加拿大一位名叫罗伯特的生物学家在进行环球考察的过程中，意外地发现了这片荒凉的土地。

看到如此干涸的土地，他很是好奇，就在当地住了下来。不久后，他就发现了一种十分奇异的现象，这里除了蜘蛛几乎看不到任何其他的生物。这里处处蛛网密布，蜘蛛四处繁衍，生活得极好。

这位生物学家顿时对这里的蜘蛛产生了好奇，为什么只有蜘蛛才能在如此干旱的环境中生存下来呢？后来，罗伯特借助电子显微镜，发现这里的蜘蛛丝具有很强的亲水性，很容易吸收雾气中的水分，这里的雾水就是这些蜘蛛在这里生生不息的源泉。

后来，在智利政府的支持下，罗伯特就根据蜘蛛丝的吸水性原理，研制出一种人造纤维网，选择当地雾气最为浓厚的地段排成网阵。就这样，穿行其间的雾气被反复地拦截，最终形成大量的水滴，这些水滴滴到网下的流槽里，经过过滤、净化，就成了可供生物成活的新的水源。

如今，罗伯特的人造纤维网平均每天可截水达到一万多升，如果是在浓雾天气，每天可以截水十多万升，不仅满足了当地居民的生活需求，还可以灌溉土地，让这片昔日满目荒凉、尘土飞扬的荒漠中长出了鲜花与青绿的蔬菜。

这个世界上本没有真正的绝境，再荒凉的二地也会变成生机勃勃的绿洲。我们在遇到困境时，一定不要让心灵干涸，把心中的梦想熄灭。要知道，人在失意的时候，只要不绝望，就会有希望，并且体内沉睡的潜能最容易在这一刻被激发出来。

很多时候，我们苦苦走不出绝境，是因为我们总用以前的思维方式看问题，如果我们换一种角度思考，说不定就能找到希望。

罗威原本是个极为优秀的播音员，但是有一天，因为与老板发生口角被老板一气之下解雇了。当时，他的心情相当沮丧，一回到家，便一言不发，将自己关在房间中。

一个小时过去了，他却满脸笑容地走了出来，并十分开心地对老婆说："亲爱的，我终于有了一个自立门户的机会。"第二天，罗威就自信地走了出去。经过几番努力后，迅速地成立了一家自己的传播公司。

不久后，他凭借自己幽默的主持风格，制作了一个《风趣人物》的节目，并亲自主持。从那时起，罗威就成为了美国电视荧屏上的风云人物，取得了巨大的辉煌的成绩。

后来，罗威还将自己的这段奋斗过程，撰写成了一本激励人心的书籍《是的，你能》。在书中，他这样写道："每一次的挫折后面都隐藏着无限的机会，只要你能积极地站起来，就能够看到前面希望的曙光。"

不断地给自己一个又一个希望，其实就是善待自己，特别是在我们处于绝境的时候，那些最终走出困境的成功者都是因为内心有希望才活得成功的。罗威在失意后，及时清除了内心种种消极的情绪，看到了困境背后所隐藏着的曙光，才让自己迅速地走出了迷惘，摆脱了困境。

在现实生活中，不要将自我禁锢在眼前的困苦中，要学会好好善待自己，看到危机后隐藏的机遇，努力重新开始。当你把绝望看成是一次希望的时候，便能够抓住信念的圣火，赢来匪夷所思的转机。

等待，等不来幸福敲门

生活中，很多人都将幸福比喻成一扇大门，坚持地守候着。

如果干巴巴地坐在那里等待，谁都等不来幸福来敲门，更多时候，会像一个孩子一样紧紧地追着幸福的尾巴，不断地奔走，不到最后一刻都看不到明天在何处。

电影《当幸福来敲门》总能够唤起我们这些不断为幸福奔走的人们的共鸣。这部电影主要讲述了克里斯·加德纳在 28 岁才第一次见到他的父亲。于是他发誓以后有了孩子一定要做一个称职的好爸爸。然而，天不遂人愿，这位单身父亲屡遇不顺，老婆因为无法忍受贫困而离家出走，他在遭遇失业的不幸之后，就与年幼的儿子相依为命、流离失所。

为了让儿子获得幸福，加德纳咬紧牙关想重新振作，处处去寻找机会，并毛遂自荐，最终进入一家证券公司做一个没有任何薪水的实习生。最终，皇天不负苦心人，他经过不断的努力，成为正式员工。

在奋斗的过程中，支持他咬紧牙关的最大动力，除了他的宝贝儿子之外，就是他坚不可摧的信念：只要今天够努力，幸福终会来临。

只要今天够努力，幸福终会来临，成功总是会眷顾有准备的人。现实生活中，我们每个人都想获得幸福，都想通过自己的努力获得成功。而事实上，成功只属于少数的人，更多等不到幸福和快乐的失败者却成为成功的垫脚石。正如克里斯·加德纳最初的生活，他刚开始只是一个很勤奋的推销员，为了能够让自己所爱的人过得幸福而不断地努力着，结果却交不起房租，孩子在三流学校里上学，妻子则每天要工作16个小时，最终忍受不了，选择了离开。这个时候，恐怕没有人会相信幸福终有一天会敲开这扇紧闭着的大门？

难道克里斯·加德纳真的错了吗？难道幸福真的是可遇而不可求的吗？其实，你是否幸福，不仅取决于你是否努力了，更取决于你是否"够"努力。成功不仅仅属于有准备的人，还属于历尽各种磨难，还能够坚持到最后的人。

如果当下的你还不够幸福，如果你还活在穷困潦倒的泥潭之中，那么，就要扪心自问：我是否努力了，我是否足够努力，而且我是否还在坚持着。

想想，你一天用来工作的时间有多少，能用来学习的时间又有多少，又将多少时间都浪费在了网络上面，将多少时间都浪费在了抱怨上面。如果你从来没有"压榨"和强迫过自己，那么，你就什么也别说了。

每个人都有追求自己幸福和成功的权利。生活告诉我们，每一个人都是在付出巨大的努力之后，才可能会获得一点点的幸福。

追求幸福的道路是没有捷径的，我们必须勇敢地向前走，依靠自己的梦想、信念、勤奋、努力和坚持，唯有这样，才有机会一点点地靠近我们的幸福。

在《当幸福来敲门》的最后，主人公克里斯·加德纳终于被录用了。他从面试的地方出来，以欢快的脚步在熙熙攘攘的人群中不停地跳跃。他冲到幼儿园紧紧地抱着他的儿子，禁不住泪流满面。此刻的他已经完全感受到了幸福。

他一直坚信：只要今天足够努力，幸福终会来临！

没有什么事情能让你"贬值"

在奋斗的过程中，无论遇到了什么厄运，或者发生了什么不幸，都要记住，我们从来不会失去自己作为一个人的价值，没有什么能够拿走它。

每个人都是有价值的，都是无价之宝。我们要用审视钻石的眼光来审视自己，这样才不至于被人生的大风大浪所吞没。

海菲是世界上为数不多的优秀的推销员之一，无论走到哪里，他的衣服上都会佩戴一个金色的"1"字。有人曾经问他说："这个徽章是不是表示自己要做世界上最伟大的推销员？"他回答说："不是，因为我就是我生命中最为伟大的！"

海菲一直认为，这个世界上没有人会比自身更为伟大，自己就是自己最大的财富。我的声音与气息都是与众不同的。其实，他的这种自我肯定的坚定信念来源于他的生活经历。

海菲在35岁的时候，还是一个彻头彻尾的穷光蛋，他甚至连自己的妻子与孩子的吃喝问题都很难解决。但是，偶然的一次演讲会却改变了他的命运。

在演讲会上，一个演讲者拿出一张崭新的100美元钞票，向坐在前排的他问道："你想得到这张100美元吗？"海菲当即就举起了手臂说："想要！"

演讲者又说："我会将这100美元给你的。但是在给你之前我一定要将它弄一下。"说着，演讲者就把那张钞票揉皱了。接着问他："你还想要吗？"

海菲又一次高高地举起了手臂，并坚定地说道："要！"

"好吧，"演讲者继续道，"我要是这样弄它呢？"当演讲者将那张钞票丢到地上，用脚使劲地踩过后，将它再次捡起来时，它已经变得又皱又脏了。

"现在你还要吗？"演讲者又问他。海菲又坚定地举起了自己的手臂，仍然说："要！"

"好啦，不管我如何虐待这张钞票，你仍然还想要。因为你也知道它虽然表面上看上去很惨，但是它的价值却没有减损，它依然还值 100 美元。"演讲者对他说。

海菲当即就明白了，充分认识到了"自己"这个最大的宝库，从此开始，他就不停地向成功靠近，最终成为了一名伟大的推销员。

同样，在生活中，由于我们一时的决断失误或是环境影响，我们会多次地摔倒、被击垮，甚至被摔得粉碎。这时候，我们可能会灰心丧气，可能会觉得自己一文不值，但实际上，无论在自己身上发生了什么事情，我们都从来没有失去自身的价值。只要勇于肯定自己，以坚定而乐观的态度去面对一切的困难险阻，你的内心便会再次充满梦想，再次创造巨大的辉煌。

美国联合保险公司董事长克里蒙·史东说："要去除内心的迷惘，就一定要肯定自己。"所以，我们无须抱怨周遭人、事、物对自己的折磨，如果我们愿意用意志去掌握命运，绝对可以让自己的人生再度发挥价值。

联合保险公司董事长克里蒙·史东自幼丧父，他早早地便能体恤母亲持家的辛苦，以外出打零工来补贴家用。

有一次，当他走进一家餐馆准备向客人叫卖报纸时，却被餐馆的老板赶了出来。然而，史东却一点也不想放弃，他就趁着餐馆老板不注意的时候，又偷偷地溜了进去。只是他的脚才刚刚踏进去，就被餐馆的老板发现了。餐馆老板一气之下就在他屁股上狠狠地踹了一脚。

对此，史东只是轻轻地揉了揉屁股，又拿起手中的报纸，再次向在场的客人叫卖。因为客人们看他勇气十足，便纷纷劝说老板给他行个方便。于是，史东那天虽然被踢得很痛，但是口袋里却装满了钱。

从小，史东便有极强的进取心，遇到困难从不唉声叹气，也从不叫屈，一旦确定了目标，便不会轻易放弃。在他上中学的时候，他就开始投入保险行业，刚开始，他所遇到的困难与当年卖报的情况一样。但是，他却经常安慰自己说："自己是最棒的，反正做了又没什么损失。"

于是，他便鼓起了莫大的勇气，一次次地走进城市的一间又一间办公室中。终于，他卖出了一份又一份的保险。在他22岁那年，他便成立了一家自己的保险经纪公司。开业的第一天，他就在繁华的大街上卖出了第一份个人保险。接下来，他不断地突破自己的纪录，曾经创下每四分钟签一份保险合同的奇迹。

克里蒙·史东的成功就来自于他在磨难和挫折面前自我肯定的勇气。在这个实力决定竞争的时代，在抱怨别人不够重视自己之前，一定要先审视一下自己：究竟有多少能力，有没有及时肯定自己的价值，有没有在跌倒之后再站起来的决心与勇气。不管时境如何变迁，只有不肯轻易否定自己的人才不会败下阵来，才会受到别人的重视，才能被鲜花与掌声萦绕。

总之，漫漫人生长路，只有肯定自己才能使生命更显完美。所以，在生活中，当我们面临巨大的苦难与挑战时，一定要肯定自己的价值，然后才能发出钻石的光芒。

第六章

怀淡泊以修心：
放下名利得安详，心平气和寿自高

　　身外繁华市井，面对灯红酒绿，使心灵备感沉重和痛苦，唯有淡泊才能让心灵获得解脱。

　　淡泊名利是快乐人生的处世哲学，不为金钱所累，不为名利所牵绊，潇洒面对尘世间的一切，便能获得超然的人生。

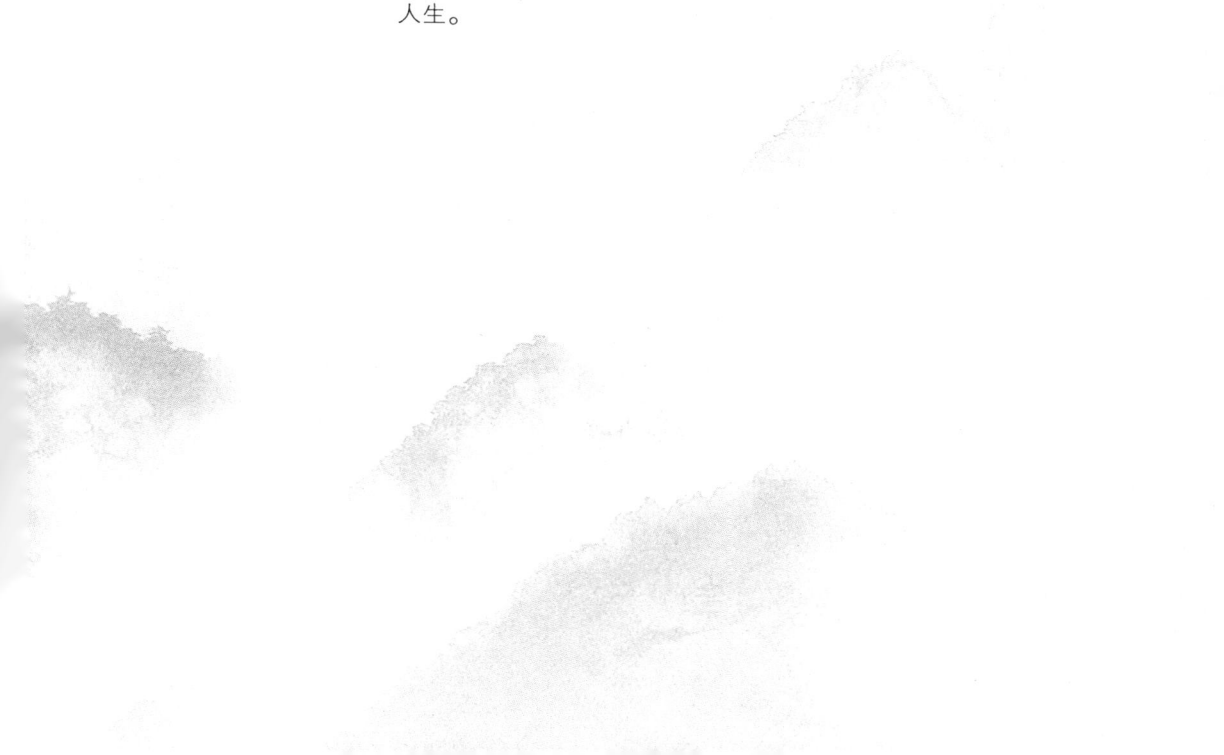

守一颗淡泊之心，拥一份淡然之美

漫漫人生旅途，看风起云卷，花开花落。蓦然回首的浅浅一笑，守一颗淡泊之心，拥一份淡然之美。

庄子在《逍遥游》里讲了一个"尧让天下于许由"的故事。

尧是中国历史上为数不多的一位圣贤，而许由是中国古代一位隐士高人。

有一次，尧见到许由，极为认真地问："当太阳和月亮出现的时候，我还打着火把，要与日月比光明，这是极为愚蠢的行为吧？当天空下起了大雨，万物都得以滋润，而我们还要挑水去浇灌，我们的行为对禾苗来说不是徒劳吗？"又继续说道，"先生，你的出现让我明白，我来治理天下就好比是火把遇到了阳光，一桶水遇到了天降的甘露一样，我是不称职的天下管理者，所以，我请求你来替我管理天下。"

听到尧的谦让之词，许由淡淡地回答说："我看到如今的天下已经被你治理得很好了，如果把这样祥和的天下交给我来治理，对我而言只是图个名而已。名与实相比，实是主人，而名只是宾客而已，难道我就是为了这个宾客而来吗？天下还是由你来治理比较好。我向往一种自由幸福的生活，名利不是我衡量幸福的标准。"

淡泊是一种心境，幸福也是一种追求。许由这种宁静致远的淡泊心智，连天下都辞让出去，这是何等博大的境界和情怀，从另一方面来说也是对自由生活的一种追求。

古人云："淡泊明志。"这是告诫我们，要远离名利，恬淡寡欲，保持一份宁静自然的心态，不追求虚妄之事，修养个人的品行，这是一种理想的人生境界。现代人的生活节奏越来越快，每个人都生活在压力和诱惑之中。一个人要以清醒的心智从容的步履走过悠悠岁月，就不能缺乏一颗淡泊之心。

我们要是能明白，功名是瓦上之霜，利禄如花尖之露，人生无千年之寿，花开无百日之红的道理，一切皆为虚妄，我们无须刻意去追求，让心灵背负太多的沉重。

人生在世，名和利都是身外之物，生不带来，死不带去。就算你永不停止地去追求和索取它，也不会有满足的时候；相反，它还可能会带给你无尽的坎坷和烦恼，引诱你陷入贪欲的深渊，以致身败名裂。因此，我们不妨活得淡然一些。

淡然是一种心态，一种精神涵养，一种至高的境界，是穿越千山万水宁静致远的神情，是游走于风轻云淡间沉稳的步履，是清风徐来乐陶陶的怡然神态，是润物细无声的温婉情怀。

心浮则气躁，心静则气平。如果我们能够淡然地对待一切，一切自然就会变得风轻云淡。只要看开了，谁的头顶都有一片蓝天；只要看淡了，谁的心中都有一片花海。想透了，你的心就宽了，做到了，你就坦然了，开朗了。在任何时候，只要我们愿意，我们随时可以调换手中的遥控器，将心灵的视窗调换到快乐的频道。

淡然是富贵不张扬、成败不言语的一种生活智慧，是挫折不偏离、坦坦荡荡的君子。一个淡然的人不会患得患失，无大喜亦无大悲，能够自然、沉着、勇敢地面对世间一切，从容地面对人生的各种挑战。

学会淡泊，莫被名利锁住心门

淡泊，就是"名利于我如浮云"的意思，它不是能力不能及的无奈，也不是心满意足的自赏，更不是碌碌无为的哀叹，淡泊是超脱世俗的诱惑和困扰，实实在在地对待名利，豁达客观地看待世间一切的态度。名利是身外之物，面对名利，我们要做到得之泰然，不嗔不喜；失之淡然，不悲不怒。人生为了追名逐利而累心累身，确实是一件本末倒置的傻事。

乾隆皇帝在下江南的时候，曾问金山寺的一位高僧："长江中的船只每天都来来往往，如此繁华，一天到底要经过多少条船啊？"高僧回答道："这里只有两条船经过。"乾隆忙问道："怎么会只有两条船呢？"高僧答道："一条为名，一条为利，整个江中来来往往的无非就是这两条船。"

乾隆又问道："为何这么多人都在为名利而奔波呢？"

高僧答："因为人活在世上，无论是贫富贵贱，穷达逆顺，都是生活在真空中，都不听从于内心的声音。他们一味地想生存发展，却都离不开'名利'两个字。"

诚然，名利的确能够给人带来巨大的物质利益，能够满足人的虚荣心。但是如果你过分地追名逐利，一定会给自己带来无尽的烦恼。萨克雷的《名利场》中的女主人公丽蓓卡·夏普便是一个例子。

丽蓓卡·夏普出身于一个贫困的家庭，父亲是个平庸的画匠，而母亲则是一个受诸人鄙视的歌女。丽蓓卡·夏普还没长大时，父母便离开了她，并且没给她留下一文钱。贫穷的生活使她不顾一切想要走入伦敦这个大都市，为自己找一个漂亮、华美的位置，借此成就自己的荣誉。

丽蓓卡·夏普很漂亮，美貌是她左右逢源的武器。进入伦敦后，她趁炎附势、阿谀奉承，费尽心机地要求伦敦的上流社会接纳自己，希望自己能够在上流社会获得一席地位，可是那些上层社会的人只会去谈论那些光鲜的人物，他们都用有色的眼镜"注视"着丽蓓卡·夏普，就连玛蒂尔达夫人家里的侍女也瞧不起丽蓓卡·夏普的谄媚。

当残酷的现实一次次地摧残着丽蓓卡·夏普内心仅存的希望，当名誉的诱惑一次次地向她内心的淡泊发起挑战时，她不知所措，后来嫁给一个上流社会人士成了空虚的灵魂深处的救命稻草，也成了她唯一的信仰。接下来，丽蓓卡·夏普利用自己的年轻美貌，赢得了考利家族最有可能的继承人、军官罗登的欢心，并且秘密结了婚，因为女王考利这个姓氏会让她感觉到自己在这个都市的生存意义。

结果，因丽蓓卡·夏普卑微的出身，罗登失去了财产继承权，两人离了婚。丽蓓卡·夏普借助一切力量迈进所谓的上流社会，将真情与友爱遗忘到九霄云外，用尽心机，最终还是不名一文，她的一切心机全部都白费了。

丽蓓卡·夏普一生都是在不断追求中度过的，但是到最终，她的一切心机却全部白费了。作者最终在书中以伤感而又无奈的语气说道："唉，浮名虚利，一切虚空，我们这些人谁又是真正快活地活着的？谁又是称心如意地活着的？就算当时遂了自己的心愿，以后还不是照样不知足？"

其实，人在这个世界上，都是来去匆匆的过客而已。名与利，都是过眼云烟，与其一生为它所累，不如活得实实在在、快快乐乐，用一颗平常心来看待它，将一切看得淡一点，再淡一点。古往今来，那些大学问家都是这样做的，他们不屑于个人的名利，而是将全部的心智和才华投入到自己喜爱的事业之中。所以，他们一方面能够享受到心如止水的快乐，另一方面也能水到渠成地获得惊人的成就。

曾获得近20项国内外大奖的袁隆平说："要看淡名利，踏实做人，这样才能取得一定的成就。现在有些人搞学术腐败，就是功利心、享乐心太重，因为急功近利，弄虚作假，到头来只是害人害己。只有踏踏实实做人、做事，才能够获得心灵上的满足。"所以在名利面前，袁隆平始终只满足于最为基本的生活需求，不膨胀，不虚荣，对此，他解释道："精神上丰富一点，物质上和生活上看淡一点，因为一个人的时间与精力是有限的，如果内心总想着名利，哪有心思搞科研？在吃方面以清淡和卫生为贵，在穿方面只要朴素大方就行了。如此才能保持身心健康，心情才能够愉快，事业也才能取得更大的成就。"

生活中，很多人都懂得名利是心灵的羁绊，但是，面对名利诱惑的时候，还是忍不住想去抓一下，最终劳心劳力，实在是得不偿失。因此，生活中，我们要想活得轻松，就要学会淡泊，平静地对待生活，平静地对待身边的人和事，得到了就欣然接受，失去了则泰然处之；在鲜花和掌声之中不忘形，不张扬，不膨胀，这样才能活得快乐，活得洒脱。

淡然隐退，坦然"下台"

"相逢尽道休官好，林下何曾见一人？"意思是说，每个人都说休官好，但是真正淡泊权力、名利的人却并不多。其实，在台上也好，下台也好，都是自然的过程，如果你为了"常在的失去"而影响了当下的心情，就有些得不偿失了。

有一位局长找他的朋友喝酒。席间，局长郁郁寡欢，愁绪万千，朋友急忙询问其中原因。原来，这位局长因为到了退休年龄，马上就要离任"正局"了。

见局长满腔哀怨，朋友劝他："解甲归田，是好事情呀！你离任了，说明你以后再也不必应付工作上的事情了，你就不再因为工作而伤身了。

有了急流勇退，多了让贤美名，岂不两全其美！"

看到局长愁眉渐疏，朋友进一步说："人生一世，做官是一时，做人才是一世。我有一个朋友，他的父亲官至正厅。退位当天回到家中吃饭，看着饭桌上的青菜、萝卜、豆腐，由衷地感言'解脱了'。老人退休后，虽然没有了昔日的喧嚣，却有了属于他自己真正喜爱的书法、易经、圆口平底布鞋。近日得见，老人虽已近八十高龄，却端坐在电脑桌前，只听键盘嘀嘀哒哒声响不断。你一个小小的局长，与老人比，不应该更豁达一些吗？"

朋友的话，让局长哑然失笑。朋友继续道："人生真如草木春秋，何苦要身心疲惫一世呢。太阳永远都是东升西落，长江后浪推前浪是必然的自然规律。年龄大了，还有'用青春赌明天'的本钱吗？"

听了此话，局长才一把握住了朋友的手，激动地说："真是感谢你，要不是你，我现在还在纠结呢。"

生活有时就是这么残酷，它会逼迫你放走机遇，甚至会使你失去爱情、亲情。而这都是自然规则，既然无法回避，那么，不妨学着接受，因为失去的毕竟是找不回来了，你唯一可以左右的只有自己的心情。

也许有人会说，我又不做官，隐退与淡泊名利与我无关，实则不然。普通人也会涉及类似的命题。比如退休、降职、让贤，等等。对曾经攀上事业高峰的人而言，恐怕再也没有比绚烂中迅速隐没更让人难以忍受的了，这个时候，就需要我们深谙进退随缘的处世智慧与哲学。具体要明白以下两点。

其一，要懂得得失常在，快乐难求。

人生在世，得失是人之常理，也是自然规律，我们不必为之耿耿于怀。你要知道，有失就必有得，你失去了权位和利益，却能得到平静、快乐的生活。失去不可挽回，但是开心却是自己可以去把握的，为此，我们面对功名利禄方面的得失，应该坦然一些，豁达一些，千万不可太介意、太看重。当你志得意满的时候，很难想象没有掌声的日子。但是如果你要一辈子获得持久的掌声，就一定要懂得享受"隐退"，毕竟快乐才是人生的真谛。

其二，不要将自己看得太重要。

学会坦然地正视自己，千万不要将自己看得太重要，同时也不能轻视自己。因为在这个世界上，每个人都是重要的。我们切不可太过自信，也不要太过自大；可以狂放，但是不能狂妄。如此，无论是"无可奈何花落去"，还是"似曾相识燕归来"，无论是游子回归，还是飞鸟离巢，你都可以做到，来就大大方方地来，不妨踌躇满志，喝令三山五岳开道，走就痛痛快快地走，尽可能洒脱自如，挥一挥衣袖，不带走一片云彩。

其实，人生就像爬山一样，要么往上走，要么往下走。我们不能希望总是走上坡路，有时候，走下坡路也是每个人必然的经历——爬到了山顶上，只有下坡路可走。怎么办呢？不妨坦然地走下来，再去爬另一座山峰，这才是积极的人生态度。

得意之时，需要淡泊

"宠辱不惊"是一种淡泊的人生态度。宠是指得意的总表象；辱，是失意的总代号。当一个人在成名、成功的时候，如果没有淡泊的真修养，一旦得意，便会欣喜若狂，喜极而泣，最终乐极生悲，这是得不偿失的。现实生活中，很少人能够做到得意不忘形。

生活中，都会有因得意而骄狂的机会。功成名就，我们可以得意；晋升加薪，我们可以得意；被同事称赞，我们可以得意……而骄狂的结果可能会给自己引来不必要的灾祸。因为得意骄狂的人都会丧失警惕，飘飘然忘乎所以，忽视敌人对手的存在，并将你的弱点暴露无遗。这时候，你可能会落得十分可悲的下场。所以，当遇到得意之事时，不如将它看淡一点，再淡一点，如此才能让自己向更高峰攀登。

居里夫人一生共获得奖金 10 次，奖章 16 枚，各种名誉头衔共 117 个，但是，在这些至高的荣誉面前，她始终能保持一颗平常心。

有一天，一位朋友到她家中做客，看到居里夫人的小女儿正在玩英国皇家学会刚刚颁发给她的一枚金质奖章，朋友大惊道："英国皇家学会的奖章怎么能给孩子玩呢？这可是至高的荣誉呀！"居里夫人听罢，笑了笑说道："我只是想让孩子们从小就知道，荣誉其实就像玩具一样，只能玩玩而已，绝不能永远守着它生活，否则一辈子终会一事无成。"不仅如此，居里夫人还毅然辞掉了 100 多个荣誉称号。正是她在荣誉面前始终能保持淡然的心态，才使她能够第二次获得诺贝尔奖。

淡泊是一个人的修养，是一个人精神的至高境界，是一种灵魂的典雅。真正淡泊之人，心态平和，能够堂堂正正做人，踏踏实实做事，最终获得精神上的享受。

诸葛亮有句人生名言："非淡泊无以明志，非宁静无以致远。"就是说，淡泊名利可以让自己生活在快乐和宁静之中，从而可以获得极高的个人成就。清代艺术家张潮在《幽梦影》中说道："能闲世人之所忙者，方能忙世人之所闲。人莫乐于闲，非无所事事之谓也。闲则能读书，闲则能游名胜，闲则能交益友，闲则能饮酒，闲则能著书。天下之乐，孰大于是？"可见，淡泊并非是丧失了理想，没有了追求，更不是懒散和碌碌无为，而是"明志"和"致远"，是对生命的顿悟，也是对自己灵魂的升华，使灵魂获得自由，使人生更为坦然。

淡泊名利，心无尘事，可以实现远大的志向。生活中，我们对名利要保持几分淡泊，对生活多几张笑脸，如此可以让自己活得轻松和愉快。人生一世，草木一秋，归心自然，何乐而不为呢？不为名利所羁绊，不为金钱所诱惑，想来便来，想往便往，不是神仙却胜似神仙。

其实，所有的幸福都是平淡的

我们每个人脑海中的幸福时光，多是童年。而童年则是我们拥有物质财富最少的时候，那时候的我们，很容易满足，一瓶肥皂泡泡、一颗糖果、一条手帕，都是我们快乐的源泉。因为要求的少，所以得到的就多。其实，一个人幸福与否，完全在于自己的感觉，它与物质财富的多寡是无直接关系的。

有一对夫妻，都是一个小县城一所小学的临时工，收入颇低。他们辛苦地赚着生活费，还要供两个小孩上学。在他人眼中，这种贫苦的日子应该没有幸福感可言。一家人挤在15平米的房子里，里面几件简单的家具杂乱无章，不知道这四口人是如何生活下来的。

可是，令人奇怪的是，就在这个简陋的小屋中，经常出现很幸福的场面。

每天，女主人都会在水房中洗洗涮涮，她在洗衣服或者是洗菜的时候，嘴中都会哼着快乐的歌谣，很是悠闲的样子；

每天下班的时候，女主人早早地把饭菜准备好了，与丈夫一起偎依在电视机面前，聚精会神地看电视，很是满足的感觉；

每到阳光灿烂的日子，夫妻俩也会把被子抱到楼下去晾晒，早晨的阳光轻洒在他们的肩头，能让人感受到暖暖的幸福。

在傍晚的时候，一双儿女会安静地坐在写字台前，认真地做作业；夫妻两个人会在这个时候手挽手一起出去散步，很是温馨……

其实，幸福与金钱的多少无关，而在于内心的一种感受。一对夫妻，没有足够的金钱，没有与人竞争的本钱，但是，他们却能够在一个极小的角落中安享着平淡的幸福，让人羡慕和向往。

其实所有的幸福都存在于平淡的生活中。清晨睁开眼后，看到从阳台射进的第一束阳光；孩子一声呢喃之语，爱人的一个拥抱、轻吻，父母的一个细小的关怀之举，朋友一句温暖的问候……这些看似平淡的事情，却能让我们幸福十足。平淡并非是最为真切的生活，它不是懦夫的自暴自弃，而是智者的胸有成竹；不是看破红尘之后的心如死灰，而是经历风雨之后的大彻大悟；不是碌碌无为的得过且过，而是从容处世的潇洒自信。平淡的生活其实是一种安逸、幸福的生活，它没有喧嚣的嘈杂，没有世俗的烦恼，更没有填不满的欲望，有的只是一份对生活的从容，一份淡淡的快乐、淡淡的安宁。

一位饱经沧桑的哲学家这样说："在年少的时候，总觉得人生应该像大海一样波澜壮阔，才不枉度一生。但是经过几十年的风风雨雨之后，才恍然大悟，人生最为精彩的事情仅占 5%，痛苦的事情也占 5%，剩余的 90% 则全部都是平淡。只可惜，人们往往会为了那 5% 的精彩而整日劳累奔波，为了那 5% 的痛苦而不停地怨天尤人，却忘记了在这 90% 的平淡中享受生命的快乐与幸福。"

我们无须再抱怨，无须再为生活中财富的多寡而烦恼，只需静下心来安享宁静，体味平淡，便可以体味到最为真实的快乐和幸福。

看淡结果，会更容易成功

生活中，一些人之所以失败，是因为把结果看得太重。因为害怕失去，又渴望成功，想要这个，想要那个，所以才会痛苦不止。因为肩上背负的东西太多，把得失看得太重，把结果抓得太紧，所以，会患得患失。

到最终，什么也得不到，还会徒增诸多的痛苦。

从前，有一个特别优秀的弓箭手，百发百中，从来没有失手过。为此，人们争相夸赞他高超的射技，对他也十分敬佩。后来，他的美名传到了国王的耳朵里。国王就命人将他请到宫中当场表演，并对他说："今天请你来是想请你展示一下精湛的射技，如果你射中了远处的那个目标，就赐给你万两黄金，如果射不中，就发配你到边疆充军去。"

这位弓箭手听了国王的话，一言不发，神色变得激动起来。他取出一支箭搭上弓弦，但是心中只是想着能否射中，这可关系着自己的命运呀！开始发箭的那一刻，一向镇定的他呼吸变得急促起来，拉弓的手也开始抖起来，最后箭落在离靶心几尺远的地方。

旁边的一位大臣叹道："看来一个人只有将得失置之度外，才能成为真正的神箭手呀！"

弓箭手之所以没能发挥他真正的射箭水平，就是因为他太在乎自己的得失，太看重结果，太想成功，于是内心顾虑重重，使自己的心灵背上沉重的包袱，最终就以失败告终。

其实，生活中这样的例子不胜枚举。台下准备得滚瓜烂熟的主持词，一上台却忘得一干二净；和客户签一份重要合同，到了现场才发现，一切准确齐全，只是忘带合同文本了；科学家即将完成一项研究了很多年的实验，却在最后一步因为一个极小的错误功亏一篑。

刻意追求快乐的人，往往很难活得快乐。同样，刻意追求成功的人，也很难获得成功。很多时候，是因为有了渴望，才会有动力，最后才会取得一些成绩，但是如果不懂得坦然面对得失，在事情还没发生之前，自己就有可能先倒下。看淡得失也是需要胆略和智慧的，只有认准心中真正的目标，勇于将得失置之度外，才更容易获得成功。

所以，请善待自己成功的欲望吧。不要想太多，保持一颗平常心，不激进，不怠慢，简单一些，也许这样更容易获得成功和幸福。

淡忘曾经，体验轻松人生

在生活中，我们总是强调"记住"的好处，却忽略了"忘记"的功能与必要性。"忘记"是上天赐予我们洗涤心灵的特殊礼物。对于生活中的种种不快、扰乱我们内心的烦恼的事情，我们都可以选择"忘记"。

"忘记"了过去，就意味着为自己卸掉了一颗扰乱平静心灵的"定时炸弹"。"忘记"可以让我们避开一切的痛楚，享受到未来的快乐阳光，获得心灵的解脱，自由抒写更为洒脱的人生。

小和尚与老和尚一起外出化缘，小和尚毕恭毕敬，什么事情都听老和尚的吩咐。

他们走到河边，一个女子要过河，但是河水太急，女子战战兢兢，始终不敢下脚。见状，老和尚就背起女子过了河，女子道谢后便离开了。小和尚心中一直想着，师父怎么可以背着一个女子过河呢？但是他又不敢问。

他们一同走了20里路，小和尚实在憋不住了，就问师父道："我们是出家人，你怎么能背着那个女子过河呢？"老和尚听罢，却淡淡地说："我把她背过河就忘记了，可你却背着她20里还没放下。"

老和尚的话充满哲理，也是在告诉我们：人的一生就像是一次长途旅行，不停地行走，沿途要经历各种各样的坎坷，要看到各种各样的风景，历经诸多的痛苦和磨难，如果我们都将之放在心上，无疑会给自己增加额外的负担。你的阅历越是丰富，心灵的压力就会越大，不如边走边忘，这样才能保持轻松。要知道，过去的已经过去了，时光永远不可倒流，除了从一件事情中吸取经验与教训之外，大可不必对其耿耿于怀。

淡忘是平衡心灵的基本法则，是抚慰心灵的一味良药，但是忘记也是需要选择的，及时忘记那些让我们不堪重负的伤痛，记住那些生命中的感动和快乐，才能收获到更多的快乐和幸福。

"春有百花秋有月，夏有凉风冬有雪。若无闲事挂心头，便是人间好时节。"这首诗告诉我们，要记住该记住的，忘记该忘记的，洒脱地生活，心无挂碍，最终才能感受到生活的美好与惬意。

淡忘曾经，就是坚强地正视过去，勇敢地面对现在。很多时候，我们幸福与否，全在我们的一念之间，既然不能挽回就不要苦苦追求，优柔寡断会让我们更痛苦。

淡忘曾经，就要勇于抛弃那些陈旧的观念和愚傻的念头，将所有的伤痛都遗忘在风中，让明媚的阳光照耀心田。人生短暂，过往如烟云，一切都要自己选择。学会了遗忘，也就使心灵得到了解脱，不要苦苦迷恋一切过去，活在过去的阴影中只会让你步履沉重，只有遗忘过去，才能迎来更为光辉灿烂的明天。

岁月流逝，记忆消退，没有什么是不能遗忘的，要避开一切痛楚，享受快乐时光，我们必须学会淡忘，这样才能让自己获得心灵的解脱，才能让自己生活得更为惬意。

虚荣会将心拖入永久的疲惫中

何谓虚荣？虚荣即为表面上的光彩。虚荣心是指，追求、爱慕表面上光彩的思想、心态、观念和意识。如果你追求表面的光彩，只能得到一时的满足，而将自己的心拖入永久的疲惫中。

很多虚荣的人都认为工作一定要比别人好、工资要比别人高、人脉要比别人广、升职要比别人快、衣服要比别人贵、房子要比别人大、吃的要比别人讲究、用的要比别人高档……可是要样样都比别人好，就必须比别人付出更多的努力。如果一个人将所有的精力和时间都浪费在没完没了的比较中，带给他的只能是心情焦躁，感觉疲惫，快乐减少。

记得在冯小刚导演的电影《大腕》里有这样一段台词。

一定要选择最好的黄金地段，雇用法国最顶级的设计师，要建就要建最为高档的公寓。电梯直接入户，户型最小也得400平米，什么卫视啊，宽带啊，光缆啊，能接的就直接接上。

楼上面有花园，楼里边有游泳池，楼里边站一个英国管家，戴一假发特绅士的那种，业主一进门，甭管有事没事，都得跟人家说："May I help you, sir?"一口地道的英国伦敦腔，倍有面子……

社区里再建一所贵族学校，教材用哈佛的，一年光学费就得几万美金。再建一家美国诊所，24小时候诊。就是一个字，贵。治一次感冒就得花个万八千的。

周围的邻居不是开宝马就是开奔驰，你要是开一日本车呀，你都不好意思跟人家打招呼。你说，这样的公寓一平米你得卖多少钱？我觉得，怎么着也得2000美金吧？

2000美金？那是成本！4000美金起。你别嫌贵，还不打折。

你得研究业主的购物心理。愿意掏2000美金买房的业主，根本不在乎再多掏2000。

什么叫成功人士你知道吗？成功人士，就是买什么东西，都买最贵的，不买最好的。所以，我们做房地产的口号就是，不求最好，但求最贵！

这样的虚荣心可谓达到了极致。很多时候，虚荣大都是内心脆弱的表现，它极容易让人迷失自己，也是许多人获得简单生活和快乐生活的最大障碍。虚荣的人大多都不懂得善待自己，一直生活在别人的眼光中，幸福也好痛苦也罢，都无法感受真实的自己。

虚荣固然可以让我们荣耀一时，但是，你需要付出多少代价来为这一时的灿烂买单呢？莫泊桑的《项链》描写了这样一个故事。

玛蒂尔德是一个漂亮的女子，但是却出身贫寒。因为长得漂亮，所以，她认为，只有王子、香水和昂贵的珠宝才能与她相匹配。然而，现实却捉弄了她，她最终嫁给了一个小职员。

但是，玛蒂尔德并不甘心，她对贵夫人的生活心驰神往，总是渴望自己能够穿上一件漂亮的长裙，再戴上一串美丽的钻石项链。她认为，只要她拥有这些，完全可以使上流社会的小姐和夫人们黯然失色。

终于，她等到了一个绝佳的机会。有一次，她被邀请去参加公共教育部长和夫人举行的盛大晚宴。为了能让自己成为众人的焦点，她的虚荣心疯狂地膨胀起来。她买了件新衣服，化了精致的妆容，还特地从朋友莱斯蒂太太那里借来了一条珍珠项链。一切准备就绪，只等着晚会的时候大放光彩。

果然，她成为了晚会上最出众的女人。晚会后，她仍陶醉于被人仰望的快感之中，久久不能自拔。当她对着镜子卸妆的时候，赫然发现脖子上的珍珠项链不见了，怎么找也找不到。

后来，她和丈夫省吃俭用，劳苦工作，用了整整10年的时间才挣够了赔偿这条珍珠项链的钱，而那晚光彩照人的玛蒂尔德早已变得苍老憔悴。

玛蒂尔德为自己一时的虚荣赔上了一生的青春和幸福，这是得不偿失的。可见，虚荣是人生的一大悲哀。人生很短暂，真正属于自己的快乐更是稀有资源，为何还要为了迎合别人而劳累自己呢？为什么不能为了自己真实而快活地活一次呢？而且，人的价值是靠实力来支撑的，并不是靠靓丽的外表来体现的。

美国文化精神领袖爱默生曾告诫年轻人，幻想成功、追求名誉无可厚非，但更重要的是脚踏实地的精神。他说："当一个人年轻时，谁没有空想过？谁没有幻想过？想入非非是青春的标志。但是，我的青年朋友们，请记住，人总归是要长大的。天地如此广阔，世界如此美好，你们需要的不仅仅是一对幻想的翅膀，更需要一双踏踏实实的脚。"

看淡面子，人不能只为了脸面而活

刘云是一家公司的普通职员，他的一个朋友赵磊刚刚成立了一家自己的公司。为了庆祝一番，赵磊在酒店邀请了过去的一班朋友欢聚一堂。朋友们玩得很高兴，都纷纷祝福赵磊生意节节攀高。这个时候，刘云突然说："赵磊放心，你的单子我给你包了。"

其实刘云明白，自己根本没有那么大的能耐，可是为了面子，他还是毫不犹豫地说了出来。结果，这句话所有人都记住了，朋友们都说刘云够义气。

一瞬间，刘云感觉自己很伟大，于是夸下了更多的海口，引得朋友们无不羡慕。

刘云的话，赵磊牢牢地记在了心里。几天以后，他去找刘云做单子，而刘云当初只不过是说说而已，并没有想着朋友会真的找他帮忙。这下刘云慌了，因为他自己根本就没有什么把握。

可是刘云意识到，如果这个时候拒绝，那么自己无疑丢了大面子。于是，他不得不帮赵磊忙活起来。一个星期过去了，刘云一个合适的单子也没有给赵磊做成，但是赵磊并没有不高兴，只是说："看你说得那么胸有成竹，相信你能行的。现在看来，我还是找别人吧，就不为难你了。"

可是，为了保全面子，刘云还是想在朋友面前展示自己的"能力"。不过，几次三番的失误，不仅让赵磊受到了连累，就连自己也花了不少冤枉钱。从这之后，朋友们感觉刘云并不像他自己说的那样，于是对他产生了一丝反感。而刘云自己自然也高兴不到哪里去，情绪越来越急躁。

刘云因为"死要面子"，最终不仅失了面子，还将自己拖入痛苦之中，真是自己找"罪"受。

现如今，越来越多的人因为要面子，过着不幸福的生活，却在别人面前吹嘘自己是如何如何的幸福。其实，这不过是自欺欺人罢了。所以，生活中我们要勇于舍弃面子，做回真实的自己，不在乎别人的眼光。人不能只为了那张"脸"而活，只要自己开心，比什么都重要。

大哲学家苏格拉底敢于舍弃面子的勇气就值得我们效仿。

苏格拉底年轻的时候，生活很是贫穷。每天清晨，他都会在邻居的目光中赤着脚，踩着晶莹的露水，跳到一块大石头上面，仰起头向远道而来的太阳热情地问候，向正在隐去的星星和月亮挥手告别。

那时候的他，总是披着那件破旧不堪的袍子，但是他却无视众人怪异的眼光，到集市上和民众辩论，行使他"思想助产士"的义务劳动。

有一次，正为早餐发愁的妻子冲出来，在众人面前厉声责备丈夫，高声发着牢骚，抱怨家里米缸朝天，丈夫却天天游手好闲，不求上进。

苏格拉底却不顾众人的窃笑，亲昵地拥抱一下老婆，边向外走边说："亲爱的，我去工作了，我要帮我的思想顺利生产下来。"

愤怒的妻子把一盆水泼向苏格拉底，他顿时被浇成了落汤鸡。苏格拉底像骑士一样抖抖湿透的袍子，对哈哈大笑的邻居说："看来我猜对了，电闪雷鸣过后，必有大雨倾盆。"

多数人都嘲笑苏格拉底，在众人面前也不讲面子，经常做出丢人的事。而这正是苏格拉底的高明之处，因为他自己明白人不能为了脸面而拖累了自己的思想。对于他来说，面子是不重要的，思想才是最为重要的。

因此，我们切不要花费两三个月的薪水换一身新行头；不要再违心地在众人聚会时充大方争抢着付账单，却眼见荷包瘪下去而暗暗心疼；更不要再不懂装懂了，承认自己也有无知的时候，这没什么丢脸的。

人的一生不应该只为脸面而活，想要活得洒脱，就不要让自己活受罪。当然，我们说要放下面子，不是告诉你要放弃自己的尊严。那些华而不实的面子，在很多时候只是为了满足一下自己的虚荣心罢了，该放下就必须放下，这样我们才能活得轻松，活得潇洒，活得快乐。但是与我们自尊有关的面子，还是得维护，毕竟有自尊的人才能真正赢得别人的尊重。

淡然面对过去，别拿卑微去惩罚你的一生

你是否总会以各种各样的形式将自己隐藏于过去的时光中，完全沉浸于过去的不幸或者痛苦中，给生命涂上一层悲观的色彩。其实，在任何时候，我们都无须拿过去的痛苦与卑微去惩罚自己，让自己失去永远向前的机会，毕竟过去的已经一去不复返了，此时此刻才是最为真实的生命，淡然面对过去，因为未来永远掌握在自己手中。

伊东·布拉格是美国历史上第一位获得普利策新闻奖的黑人记者，当同行让他发表获奖感言时，他就在麦克风前讲述了自己的经历：

"我曾经在过去的卑微中吃尽了苦头，才有了奋发向前的动力。

"我从小在贫民窟中长大，父亲和母亲都在餐馆做最低下的工作。他们工作努力，但挣的钱依然不能够维持全家的生活。在这样的处境之中，我曾经异常地沮丧，因为我一直认为，我们地位如此的卑微，贫穷的黑人是不可能有出息的。抱着这样的想法，我浑浑噩噩地上学。可想而知，成绩也好不到哪儿去，就这样，就在自己设定的围墙中生活了 10 年时间。

"有一次，父亲突然走过来对我说：'你现在长大了，应该带你出去见见世面，我希望你的生活能与父母不同，能摆脱从前的贫穷而有所成就。'

137

"听了父亲的话，我就暗想：成就？怎么可能呢？我不过一直都是个穷黑人的儿子！

"尽管如此，我依然听从父亲的安排，随他一起去参观了大画家凡·高的故居。

"在那间狭小的屋子中，我看见一张小木床，还有一双裂了口的皮鞋。我当时十分惊讶，这位著名画家的生活居然是如此地简陋！我便问父亲：凡·高不是著名的画家，不是很有钱吗？他怎么会在这种地方住？

"父亲对我说：'儿子，你错了，凡·高也曾经是个十分贫穷的人，还没我们富裕，他甚至连妻子都娶不上，但是他依然没向贫困屈服！'

"这段经历使我对自己以前的看法产生了疑惑，我想：自己是否也可以从过去的碌碌无为中解脱出来，成为有出息的人呢？凡·高不也是个穷人吗？

"他为何知道自己只不过是昨日的穷人而非现在、将来的穷人呢？第二年，父亲又带着我到了丹麦，我们游走于安徒生的故居之内，这里的环境比凡·高强不了多少，我就更为惊讶了，因为在安徒生的童话中，到处都是金碧辉煌的皇宫，我一直以为他与他书中塑造的人物一样，都生活在皇宫里。父亲看着我意味深长地说：'不，孩子，安徒生是个鞋匠的儿子，你喜欢的那些童话就是他在这间阁楼里写出来的。'直到这个时候，我终于明白父亲为何要带我参观凡·高和安徒生的故居，其实他是想告诉我：要看淡贫穷和卑微，不要在乎自己是穷人，不要在意自己身份卑微，这些都丝毫不能影响我们以后成为一个有出息的人。"

只有看淡贫穷、看淡卑微，才能勇敢地踏出迈向人生辉煌的第一步。要知道，当我们踏上生命旅程的那一刻起，我们就彻底告别了贫穷，摒弃了过去，我们要将过去从自己的记忆中永久地删除，才能够眺望前方，看到远方的希望，勇往直前，最终会迎来属于自己的一片晴空。

过分地在意过去的伤痛、贫穷和卑微，只会将自己的心灵囚禁起来，看不到外界明媚的阳光。只有学会淡忘过去，才能让自己获得轻松和快乐。

仔细品味平淡生活的真滋味

在平淡无味的日子中，我们经常会焦虑：自己一辈子都没有做过一件惊天动地的事情，生活实在是太没有味道了，觉得日子太过难熬，时间像停止了一样。其实，平淡是生活的真滋味，正如法国思想家伏尔泰曾说："能够享受平淡生活的人们，才能真正领悟人生的真谛。"也许，只有真正理解了这个道理，才能明白平平淡淡才是最为真实的人生。

其实，平淡的生活也是充满乐趣、充满美丽的，我们感到生活乏味，是因为我们缺乏发现美的眼睛。要善待自己，就要从平凡的生活中细细地品味幸福，那些总是抱怨生活索然无味的人，是因为他们心灵的空间中塞满了负累，从而无法欣赏自己真正拥有的东西。

其实，生活摆在每一个人面前的容貌都是一样的，不同的只是各人的心境罢了。一个人有躯体，不一定有生命；有生命，不一定有灵魂；有了灵魂，不一定有感情；有了感情，不一定有生活——只有生活才是我们的载体。

世上没有两片完全相同的树叶，也没有两段完全相同的经历。我们需要知道什么样的生活才是自己需要的。也许，他的生活是荷塘月色般的美景，而你的生活则是如丝小雨中漫步的惬意。每个人都有令人羡慕的地方，也有自己缺憾的东西。不苛求，不欲取。平平淡淡才是生活的本来面貌。

有一个女孩子，一直都为自己没有一双完整、漂亮的鞋而苦恼。当她为自己破旧不堪的鞋子而闷闷不乐时，忽然有一天，她看到了一个挂着拐杖乞讨的男孩。顺着男孩的拐杖往下看，他竟然没有了双脚！这时，女孩

139

才意识到自己是多么的富有，又是多么的可悲。富有是因为她还有一双健全的脚，而可悲则是因为那么长的时间里，她都不懂得珍惜拥有的一切，从来没有品味过自己的生活。

我们的生活虽然平淡，但值得品味。每天匆匆上班，匆匆下班，匆匆吃饭，匆匆赶路；早上看太阳从东方升起，傍晚又目送日头从西方落下。然而，痛苦时朋友的关心，失意时亲人的鼓励，困境前的勇敢，危急时的清醒，以及绝望中的坚守，这所有一点一滴的细节，我们可曾体会得到？

品味生活，就像在慢饮那碗清茶。岁月流走了秋冬，又流走了春夏，可总有一些恒久不变的感动：家人、同事、朋友；一声问候、两杯粗茶、三餐淡饭……我们又可曾细细品味？

懂得品味生活中的平淡，是对我们最大的呵护。每个人的一生中总要经历风风雨雨、坎坎坷坷，走进生活并细腻地去感受，才会懂得如何善待自己。生活就犹如"多少绿荷相倚眼，一时回首被西风"，这是生活在沧桑中的美；"谁道人生无再少，门前流水尚能西"，这是生活在超脱中的境界。咖啡的苦与甜、纯与郁，只有亲自品尝并细细寻味了，才会有所感悟。生活亦是如此，我们千万不要在失去后才后悔错过了品味当初的滋味。

用淡然的心"驾驭"人生路

人生在世，光阴易逝。对每个人来说，已逝的岁月中掩埋了太多的青春神韵和飞扬豪情，以及温婉蜜爱、恩恩怨怨、是是非非。当岁月流逝，繁华褪去，才发现，浮生尘世聚散匆匆，爱恨悠悠，财色空空，所有一切只不过一壶浊酒，半屏青山。俯首之间，已是一去千里，成为永远的过往，如岁月的尘烟一般。因此，一切都不必计较，不必在乎，我们只需心境恬淡，笑看人生路上的风风雨雨，才能拥有淡然真切的一生。

一位以佛修身的弟子问禅师说："世间为何会有如此多的苦恼？"

禅师说道："只是因为世间凡人不识自我。"

"如何才能认清自我？"弟子再一次问道。

"不可说，不可说，一说即是错。人生有八苦，生、老、病、死、爱别离、怨长久、求不得、放不下，所有的烦恼皆源于这些。其实，这些都是过眼云烟，世间的人看不透，所以才会烦恼不断，痛苦不止。"禅师解释说。

弟子再一次问道："那如何才能化解痛苦和烦恼呢？"

禅师说道："笑着面对，看淡一切，不去埋怨，而且随时能做到随心、随性、随缘，就能抛弃苦恼，远离痛苦。"

凡事笑着面对，并且努力做到随心、随性、随缘，不苛求，就能远离痛苦和烦恼。

人生有三种境界：先是看远，才能够览万物于胸；再是看破，才能洞若观火；最后是看淡，才能够超然物外。笑看风雨，就是在看远、看破之后的淡然。淡然是人生的最高境界，是看透后不脱俗，看穿了不消极，看破了不遁世的表现。既然来此俗世一遭，必须要有滋有味地做一番俗人，人生所有的困难、挫折和痛苦都是不可避免的，切不可因此而徒留花开空对月，君却笑归红尘去。所有的挫折、困难都是上天给生命预设好的劫难，都会使你坚强，使你成熟，所有的挫折都会让你吃一堑，长一智，使你的生命充满睿智。不经历风雨，哪能见彩虹，不尝过人生百味，哪能够懂得人生的真谛。

人生如梦，岁月无情，人生只要看淡了，所有的磨难和挫折不过是无常；事业看透了不过是取舍而已；爱情看穿了不过是聚散；而生死看穿了

141

不过是来去而已。任何事情都不必杞人忧天，庸人自扰。任何的争权夺利、明争暗斗，都是气量狭小、斤斤计较的结果。不要再苦求着那一点毫无意义的名利，切莫再纠缠于那不属于自己的感情，不要再奢求住豪华别墅、吃山珍海味。衣食无忧、家庭和睦、身体健康才是最大的福气。在任何时候，最美的人生都是那蓦然回首一笑置之的淡然。

君子之交淡如水

"淡"是生活中的真滋味，也是时间验证真友情的试金石。真正的友情是和气、健康、快乐、珍惜、信任的，是像水一样清澈和透明的，无须过多的世俗的客套，这样的友情才显得弥足珍贵，才显得极为亲密。

唐朝名将薛仁贵在未得到朝廷重用之前，生活很是艰苦，与妻子一同住在破窑洞中。他们衣食亦无着落，这个时候，全靠一位叫作王茂生的朋友接济。

后来，等薛仁贵投军以后，在跟随李世民东征时，因为战功显赫，被封为平辽王。一登龙门，自然身价倍长。在薛仁贵上任的当天，前来祝贺的文武大臣络绎不绝，但是最终都被薛仁贵婉言谢绝了。他唯一收下的礼物就是以前曾经接济过他的老朋友王茂生送来的两坛美酒，说是美酒，其实里面装的只是清水而已。

当得知酒坛中装的是水而非酒时，他家里的仆人很是恼怒，唯独薛仁贵没有生气。他高兴地取来一个大碗，当着众人的面痛饮下三大碗王茂生送来的清水。

在场的文武百官很是不解其意，只见薛仁贵喝完三大碗清水之后说："我在过去落难之时单靠王兄夫妇资助，如果没有他们，便没有我今天的

142

荣华富贵。而如今我美酒不沾，厚礼不收，却偏偏只收下王兄送来的两坛清水，是因为我知道王兄家道贫寒，即便是送给我清水也是王兄的一番美意，这叫作君子之交淡如水。"从此以后，薛仁贵与王茂生一家的关系更为紧密了。

真正的友情是平淡无味的，就像薛仁贵与三茂生，这样的友情才是真正值得人们珍惜的真友情。庄子曰："君子之交淡若水，小人之交甘若醴。君子淡以亲，小人甘以绝。"就是说，君子之间的友情就像水一样的平淡无味，正因为平淡才能够让人有一种清爽的感觉，两者间的关系才会显得更为长久；而小人之间的友情就像甜酒一样黏黏糊糊，因为太过甘甜会成为心灵的一种负累，相互间的疏远也是不可避免的了。

马克思和恩格斯之间的友情用"淡如水"来形容可以说是极恰当的。为了让马克思能够集中精力做研究，恩格斯则违背了自己本来的意愿去从事商业工作，尽力地在经济方面资助马克思。他们曾经20年身处两地，但是心灵和思想的沟通却始终未间断。当恩格斯患病之时，马克思在给他的信中这样写道："我关心你的身体和健康，就如同自己患病一样……"这种不求回报的支持，两地一心的互相牵挂，还有什么比彼此间的扶持和关心来得更为长久呢？

真正的"君子之交"是心与心之间的牵挂，两者不会因为观点的不同或者意见的分歧而产生根本性的矛盾，不会为客套与烦琐所累，因此彼此知心，所以，无须更多的语言。与这样的朋友相交，是人生的一种极大的享受。

"淡如水"是我们当今社会提倡的一种交友之道。现代社会朋友之间若掺杂了太多的利益得失、功利算计，就会成为心灵的一种负累。要让友谊成为心灵的一种享受，就要始终以一颗真心去对待你的朋友，以一颗明智的心去善待友情，无须轰轰烈烈的豪言壮语，更无须虚情假意的矫情做作。即便是彼此很久不见，心中也会有一丝淡淡的思念；见面之时，相视一笑，没有过多的客套，甚至连问候的话语都是多余的，彼此在一起即便是静静地喝茶，这就是最大的享受；相互之间也没有太多的猜忌，又不必相互的吹捧，就如清水一样透明，这样的友谊才能经受住岁月的考验，才能持续得更为长久。

第七章

心开路就开：
心宽一尺，路宽一丈

　　快乐是生命追求的永恒主题，然而，生活中很多人却活得很累，总是快乐不起来，于是就常常怨天尤人，怪上天不垂怜自己，怪命运多舛，抱怨机遇不垂青自己……其实这些都不是影响快乐的决定因素，真正决定你快乐与否的只是你自己——自己的胸怀，自己的豁达。真正的快乐不是因为拥有得多，而是因为计较得少。大度宽容的人不仅能获得更多的快乐，而且能身心康健，犹如神仙般自在。

你容不下生活，生活也会容不下你

如果你容不下生活，生活也会容不下你。生活中，在与他人交往的过程中，难免会与他人发生矛盾、摩擦和冲突，面对他人的过错，最聪明的选择是以宽容之心待之。其实，宽容他人也是在宽容自己，这也是对生活的一种宽容。倘若你缺乏宽容之心，遇到小事就斤斤计较，我们的生活一定会充满仇恨与报复，那么，生活也会容不下你，你也无法感受到幸福和快乐的滋味。

一天下午，北京某一公共汽车上，因为人很多，一位女士不小心踩了一位男士的脚，便赶紧红着脸道歉说："对不起，踩着您了。"

男士笑了笑说："不，不，应该由我来说，对不起，因为我的脚长得太不苗条了。"他的话音一落，车厢里立刻响起了一片笑声，显然，这是对这位优雅风趣的男士的赞美。而且，这份美丽的宽容也给那位女士留下一个美好的印象。

只有你宽容了生活，生活才容得下你。如果故事中的男士揪着女士踩了他的脚而不放，那么自然也就得不到接下来的快乐。就像人们常说的，当我们用一颗简单、宽容的心来不断地充实自己的时候，那么仇恨也就没有容身之所了。

一位幸福的老妈妈，在她金婚纪念日的当天，所有的朋友都纷纷前来向她表示祝贺，都向她询问幸福婚姻的秘诀。她说："从我结婚的那天起，我就准备要列出丈夫的 10 条缺点，为了我们的婚姻能够幸福，我就向自己承诺，每当他犯了这 10 条错误中的任何一条，我都会原谅他。"

这个时候，人群中几乎所有的人都在问："那你列出的这 10 条错误是什么呢？"

这位老妈妈听了，笑了笑说道："我就老实告诉你们吧，这50年来，我始终没有将这10条缺点具体地列出来。每当丈夫做了错事，冒犯了我，当我气得直跺脚的时候，我就会马上提醒自己：算他运气好吧，他犯的错误原来是我可以原谅他的那10条错误中的一条。就这样，每次都这样告诉自己，那么，我们之间的关系自然就和谐多了，生活中少了很多争吵。"

漫漫人生征途，人与人间难免会出现矛盾和摩擦，如果我们都能够像老妈妈那样，学会宽容和忍让，你就会发现，幸福和快乐时刻围绕着你。

当然了，我们要弄清楚，宽容并不等于纵容，它必须是建立在自信、助人和有益于社会的基础之上的。对于他人的过失，我们在包容的同时，如果能够以适当的方式给予一定的批评与帮助，便可以避免对方以后犯下更大的错误。

学会宽容，也就意味着生活中你不会患得患失。我们在学会宽容他人的同时，也要学会宽容自己。当自己有了过失，也不要灰心丧气，一蹶不振，更不必为此而感到痛苦难忍，只要从中吸取教训，便可以重新扬起工作和生活的风帆。唯有宽容地对待自己，才可以让自己心平气和地投入到工作和学习之中。

学会宽容，不仅能够保持人与人之间关系的和谐、家庭的和睦、婚姻的美满，而且还有益于身心的健康。宽容中还包含有理解、同情和谅解。朋友间如果没有宽容，再亲密的关系也要破裂；夫妻间如果没有宽容，再坚固的爱情也有动摇的时候。生活需要宽容，欢乐之花离不开宽容的灌溉。

学会宽容，人的心胸就会变得开阔。当你被人误解，或者你误解了别人时，宽容会在时间的流逝中抚平一切伤痕，调和一切苦楚。宽容是大度的弥勒佛，能够容忍世间的是是非非、恩恩怨怨。因此，在日常生活中，我们要时刻以宽容的心态去面对一切，这样才能征服一切，才能收获内心的宁静和快乐。

打开心灵之窗，便是阳光普照

不要将自己囚禁在"自我"的牢笼之中，否则，你的心灵会因为看不到外面的阳光而变得阴暗起来。

一家有兄弟二人，年龄也只不过四五岁。他们卧室的窗户每天几乎都是密闭着的，屋内十分阴暗，兄弟俩的心理也变得十分阴暗，每天都闷闷不乐的，对什么事情都提不起兴趣，每当看到外面灿烂的阳光，就觉得十分羡慕。于是，兄弟两人就商量："我们是否可以将外面的阳光扫一点进来。"

于是，兄弟俩每个人都拿了一把扫帚和簸箕，到阳台上去扫阳光。等他们小心地把扫进簸箕里的阳光搬到房间里的时候，阳光却不见了。

他们就这样扫了好多次，屋内还是一点阳光也没有。正在厨房忙碌的妈妈看到他们奇怪的举动，就问道："你们在做什么？"他们说："卧室里太暗了，我们要扫一些阳光进来。"妈妈笑道："你们只要把窗户打开，阳光自然就进来了，何必要去扫呢？"

如果将窗户紧闭，阳光自然是无法进来的。而如果我们把自己的心门关得太严密了，快乐的阳光无法进来驱散不良的情绪，久而久之也会使自己变得抑郁起来。

起初我们每个人的心扉都是敞开的，内心中充满了温暖的阳光。然而随着年龄的增长与经历过种种挫折与失败之后，心中的大门就难免会关闭，只留下黑暗与阴影。总是害怕别人会窥视到自己的秘密与伤痛，总是担心有人会伤害到自己脆弱的心灵。于是与别人相处的过程中，就没有了真诚和信任，有的只是人为的高墙与不可逾越的鸿沟。

在很多时候，我们的心也会泛起阵阵的涟漪，也想敞开心扉让紧闭的心灵松一口气。然而当我们打开一点点小缝，却发现别人的心依然如故，于是我们怕了，我们就退缩了。因为我们还在乎那点可怜的自尊，因为我们是自私的，我们是贪婪的，我们没有容人的雅量，心中只有我们自己。

其实，扫除内心的黑暗与阴影非常简单，只要把自己的心扉敞开，让阳光照进来就可以了。当你真正打开你的心扉时，就会觉得天地真的很宽敞，心灵的舞台也是极大的。

另外，在生活中遇到不快的时候，最好的方式就是将自己平时的不良情绪以适当的方式发泄出来，及时地敞开你的心扉，给自己的内心增加一些快乐的阳光。发泄的方式也是多种多样的，比如和家人一起外出度假，多出去散步，出去运动等。

只要光明进来了，一切阴霾都会烟消云散。所以，不要再犹豫了，打开心灵的窗户，让阳光及时照进来吧！

善行可以融化一切冰冷

生活中，难免会与周围的人发生矛盾或者冲突，难免要去面对他人的恶言恶语，这时，我们的内心很难淡定，一时的赏怒也会让我们与之恶言相对，最终使矛盾越来越大，给自己带来痛苦的同时，也给他人带来伤害。这个时候，如果我们能够以宽容的心态面对，肯退后一步，那么，你的善行最终会融化对方内心的冰冷，你会获得意想不到的效果。

山上有一座破旧的寺院，里面住着一个老和尚和一个小和尚，有一次，小和尚对老和尚说："这座寺院中就我们两个和尚，我每次到山下去化缘的时候，很多人都会冷言冷语笑话说，说我是野和尚，所有来参拜的

149

人给的香火钱也很少。今天到山下去化缘，这么冷的天，竟然没有一个人
给我开门，我化到的斋饭也是少得可怜。师父，我们菩提寺要想成为你所
说的庙宇千间、钟声不断的大寺的梦想可见是实现不了了。"

老和尚披着袈裟也没说什么话，只是紧闭着眼睛静静地听着。

小和尚不停地絮絮叨叨地说着，最终，老和尚睁开眼睛问道："这北
风吹得太紧了，外边又冰天雪地的，你不冷吗？"

小和尚冻得浑身哆嗦，就说道："我冷得很啊，双脚都冻麻木了。"老
和尚说道："那不如我们早一些睡觉吧。"

于是，老和尚和小和尚就熄了灯，一同钻进了被窝中。又过了一个小
时，老和尚说道："现在你暖和了吗？"

小和尚答道："当然暖和了，就像在太阳下一样的暖和。"

老和尚说道："棉被放在床上面一直是冰冷的，但是人一旦躺进去就
变得暖和多了，你说是棉被把人暖热了，还是人把棉被暖热了呢？"小和
尚一听，马上就笑着说道："师父你真是糊涂啊，棉被怎么可能把人给暖
热了呢，是人把棉被暖热了。"

老和尚就问道："棉被既然无法给我们任何温暖，反而要靠我们给它
带来温暖，那么，我们还盖着棉被干什么呢？"

小和尚想了想说道："虽然棉被给不了我们温暖，但是厚厚的棉被却
可以保存我们的温暖，让我们在被窝中睡得很舒服啊！"

在黑暗之中，老和尚会心一笑，说道："我们撞钟诵经的僧人何尝不
是躺在厚厚的棉被下面的人，而那些芸芸众生就是厚厚的棉被啊。只要我
们一心向善，冰冷的棉被终究是会被我们所暖热的，而芸芸众生这床棉被
也会把我们的温暖保存下来的，我们睡在这样的被窝里不是温暖得很吗？"

小和尚听后，恍然大悟。从第二天开始，小和尚很早就下山去化缘去
了，依然碰到了很多人的恶语，但是小和尚却始终彬彬有礼地对待每一个
人。

十年以后，菩提寺就成了一座大寺院，不仅有很多的僧人，而且烧香参拜的人也络绎不绝，再也没有出现过化不到斋饭的情况了。

生活中，如果每个人的内心都能像棉被一样，一心向善，最大限度地去容忍别人，遇到困难能够退后一步，那么，再冰冷的棉被终究是会被我们暖热的。

包容是洗涤心灵的灵丹妙药

在现实生活中，人与人之间难免会有碰撞。如果过于计较的话，不仅会陷自己于烦恼之中，也会将旁人置于痛苦之中。为此，我们在任何时候都应该以包容之心去体谅他人，理解他人。这样自然就能够避免很多的烦恼和痛苦，没有烦恼和痛苦的介入，我们的内心就会获得平静和快乐。可以说，包容是人生的一种大智慧，是洗涤心灵的灵丹妙药。

包容不仅能让自己的心灵获得平静和快乐，司时，它也是一种最有力度的解决问题的方法。

丽莎小姐好不容易才找到一份在高级珠宝店当售货员的工作，她十分珍惜这份工作，干起活来也很认真。在圣诞节的前一天，有一位30多岁的顾客走进店里。他穿着非常干净，看上去十分有修养。但是他的面容却让人感觉到他是个遭受了失业打击的人。这时，店里的职员都出去了，只剩下丽莎一个人。

丽莎热情地与他打招呼："您好，先生，您想要些什么？"这个男子不自然地笑了一下，他不好意思地说："小姐，我随便看看。"然后他的目光从丽莎的脸上慌忙躲闪开，就在店里转着看。

这时，电话铃响了，丽莎就去接电话。她一不小心，将摆在柜台上的盘子打翻了。盘子里有 6 只精美昂贵的金耳环。丽莎慌忙去捡，可是她只捡到了 5 只，她反反复复地找，怎么也找不到第 6 只。当她抬起头的时候刚好看到男子向门外走去，她一下子反应过来那第 6 只耳环在哪里了。

就在男子将要走到门口的时候，丽莎轻声地叫道："先生，请等一下。"

男子转过身来，两个人相互对视着，丽莎的心跳得十分厉害，她不知道该怎么办，她要是喊叫的话，万一这个男子对她动粗该怎么办。他会不会伤害她？

"什么事？"男子开口问她。

丽莎控制住自己的情绪，终于鼓起勇气，对他说："先生，今天是我第一天上班，你知道，我找这份工作有多么不容易，您能不能……"

男子的目光极不自然，他看了丽莎很久。丽莎的表情非常诚恳，过了很久，男子的脸上浮现出一丝微笑，丽莎也舒了一口气，对着他也微笑起来。两人这时就像两个朋友一样。男子对她说："是的，工作不好找。但是我能肯定，你一定会在这里继续干下去，并且还会做得很出色。"

停了一下，男子又说："我可以为你祝福吗？"他把手伸向她，他们相互紧紧握完手。然后男子轻松地走出了珠宝店。

丽莎小姐看着他走出店门之后，转身走向柜台，把手中的第 6 只耳环放回原处。她真庆幸一切都过去了，她在心里为那个男子祝福。

理解和大度能打动人心，聪明善良的丽莎小姐找到了解决问题最好的方式，就是大度和善良。她设身处地地为男子着想，化解了尴尬，让男子从容地将东西放回原处，达到了完美的效果。我们可以想象，两人若是发生冲突，将会出现怎样的后果？所以，大度为人，那么别人就会靠近你，彼此可以进行心灵上的交流，一切都会变得和睦起来。

包容是一种最有力度的说服，能够顺利地化解矛盾，滋润他人的心灵；包容是一种博大的情怀，它能够让人看穿人间的喜怒哀乐；包容也是一种至高的境界，它能够消除人与人之间不可避免的烦恼和痛苦；包容能够愈合人与人之间不愉快的创伤。总之，包容能让人的心灵获得无与伦比的平静和快乐。

生活中，如果你能够包容周围人的一些过失，就能够防止事态的扩大化，能够有效地化解彼此间的矛盾，避免产生极为严重的后果。事实证明，不懂得包容的人，只会将自己置于痛苦与烦恼之中。过于苛求别人或者苛求自己，一定会使自己处于极为紧张的心理矛盾之中，不容易感受到快乐和幸福。

让婚姻散发幸福的味道

如果你准备结婚的话，告诉你一句非常重要的哲理名言，你一定要忍耐和包容对方的缺点，世界上没有绝对幸福圆满的婚姻，幸福来自于宽容与相互的尊重。每个人都渴望在婚姻中汲取到幸福的养分。然而，现实婚姻中的男男女女，难免会为了小事闹矛盾、争吵，使幸福大打折扣。

其实，只需在婚姻中加入爱和包容，即可散发出幸福的味道。

有一天，一个人满脸憔悴，神色黯然地去见一位智者。原来，这个人刚刚结婚，但从他脸上却看不出任何新婚宴尔的喜庆。

他对智者抱怨道：我的婚姻为什么总是很不幸，我的前妻毛病很多，每天总爱唠叨，而且脾气暴躁，家里家外没有她管不到的。另外，她还特别爱花钱，不喜欢做家务。每次总是会趴在我的腿上撒娇说，老公咱们到外面去吃吧。偶尔在外面吃一顿，我还是可以忍受的，但是，她三天两头要出去，我们为此经常吵架。久而久之，我对她厌烦至极，于是向她提出了离婚，前妻毫不犹豫地答应了。

153

"第一次婚姻的失败，我苦闷难当。一年过后，我想再婚。当时我想找一位能够省吃俭用，爱干净却又不乱花钱的女人进门。不久之后，我的愿意实现了，朋友给我介绍了一个女孩，各方面的条件都符合要求。我非常喜欢她，认为这次婚姻一定能够得到幸福。于是，就满怀希望地将这位女孩娶进了家门。

"但是，婚后不久，我就发现我新娶的这位夫人真是太爱干净了，每天都会将家中收拾得一尘不染，我每天回家进屋后必须要先被她拽进浴室洗澡，换上家居服才能够吃饭。平时，只要说有亲戚朋友到家里来，妻子就会马上命令我和她一起大扫除，搞得我筋疲力尽。我这时候才明白，女人如果太爱干净了，可真是要人命啊！

"如果仅仅是爱干净也是能够忍受的，但是，妻子还爱翻我的钱包，每天要检查我的财务支出，搞得我经常囊中羞涩。每天餐桌上摆放的永远是青菜土豆，偶尔我说，咱们出去吃顿好的吧，天天吃这些，真是太倒胃口了。而妻子却振振有词地说：出去吃，又要多花钱，我看青菜土豆就很好，既营养又健康，而且还省钱。

"听了她的话，我真想一摔碗立马走人。但是，刚刚结婚又不能离婚，哎，想想都痛苦，每天都将自己压得喘不过气来！"

智者听了，淡淡地对他说："生活中，每个人都有缺点，两个生活习惯各不相同的人结合在一起，就像两只长满刺的刺猬一样，一不小心就会扎到对方。如果两个人生活在一起，能够相互包容，容忍彼此的缺点和不足，发现对方的优点，就能够获得最终的幸福。你的生活之所以太过压抑，只是因为仅仅看到了对方的缺点，甚至把对方的缺点和不足扩大化了，大到蒙住了你的眼睛，才让你看不到她的优点。"

其实，婚姻也就像一杯原味咖啡，原味咖啡是苦涩的，难以下咽的，然而，到了加奶和糖的时候，马上就会变得极为香醇。幸福的婚姻也是如此，只要你在婚姻中加入爱和包容，就能够体会出幸福的味道。

别拿别人的错误来惩罚自己

德国古典哲学家康德曾说，生气是在拿别人的错误来惩罚自己。要知道，当我们生气的时候，那个使我们生气的人会因为我们的生气而受到应有的惩罚吗？他会因为我们的生气而改变自己的行为吗？要知道，那些错误是别人造成的，我们不该让自己承受错误的结果。如果你能理解这些，心境就会开朗很多。

有一位年轻人刚刚走出校门参加工作，因为初到单位，经常受到同事的排挤，有时还会受到斥责，为此，他总是很生气，但又不知如何摆脱。

在这样的情况下，他去找一位智者诉说。智者听了他的诉说后，十分平静地问道："你的家中偶尔也会有客人或者很要好的朋友到访吧？"

"那是当然的，你何必问这话呢？"年轻人说道。

"那个时候，你也会好好地款待客人吧。"智者就接着问。

"当然会了。"年轻人答道。

"假如在那个时候，来访的客人不接受你的款待，你准备好的菜肴应该归谁呢？"智者问道。

"要是访客不吃的话，那些菜肴当然要再归我喽！"年轻人这样回答。

智者顿时笑了笑，看着他，说道："你单位的那些同事经常排挤和斥责你，如果你不接受它，那么，那些斥责还是属于他们的。"

最终，智者又以平静的语气对他说道："对异常愤怒的人，还以愤怒，是一件不应该的事。不还以愤怒的人，最终会得到两个胜利：面对他人的愤怒，而以正念镇定自己，不但能够胜于自己，也能够胜于他人。"

听罢这话，年轻人顿时领悟了。到单位后，对别人的苛责总是以微笑

155

应对，最终感化了其他的同事，成为部门最受欢迎的人，不久之后，就升了职。

犯了错误是应该受到惩罚，但不要生气。更何况错误在对方，你为何要生气呢？试着把别人的愤怒和过错都还给对方吧，那本不属于你。在任何时候，我们都没必要为了那些不属于自己而又烦扰到自己内心的事而停留，多一秒的停留就会多一秒烦恼，多一分对自己的折磨。

生活中，令人不平的事确实太多了，但是生气除了给你增加烦恼和痛苦之外，还能给你带来什么呢？所以，从现在开始，千万不要再因为别人的一点小过错而伤害自己，让自己生气，这是极其危害自己健康的行为。

印度诗人泰戈尔曾说："不让自己快乐起来是人的最大奢望罪过。"生气就是跟自己过不去，面对他人的过错，能够保持镇定的人，才是生活的智者。

宽恕别人才能解放自己

原谅和宽恕，比仇恨更有力量。只有原谅他人，才能够解放自己；只有宽恕别人，才能快乐自己。

慧能禅师门下曾经有一个十分贪玩的徒弟，因为耐不住寺院的寂寞，经常会在傍晚的时候趁着禅师不注意偷偷溜出寺院去玩耍，到天亮的时候，再悄无声息地溜回来。

有一天傍晚，这位弟子又在寺院边角的墙边架起了一张高脚凳，翻墙溜了出去。在院中散步的慧能禅师发现了墙角边的那张凳子，他知道，一定有人偷偷溜下山去闲逛了。但是，禅师并没有发怒，而是走到墙角边上，将凳子搬到一边，就地蹲下，等待溜出去的人回来。

在夜深人静的时候，禅师的那位徒弟尽兴归来，不晓得墙下面的凳子已经被搬走，黑暗中踩着禅师的脊背跳进了院子之中。当他双脚落地的时候，才发现自己踩的并不是凳子，而是慧能禅师的脊背，这位小和尚顿时吓得魂飞魄散，一动不动地低着头站在那里，甚至不敢喘一口气。

然而，令这位小和尚没有想到的是，师父并没有厉声地责备他，反而关切地对他说道："夜深天凉，快去多穿一件衣服吧。"

小和尚回到住处，坐卧不宁，生怕第二天当众被师父批评。但是，一天天地过去了，慧能大师从来没在人前提到此事，小和尚的内心这才恢复了平静，并为此感到深深的自责。从此之后，他再也没有偷偷溜出去玩，而是一心一意地跟随慧能学佛悟道，最终成为一名造诣很高的高僧。

慧能大师对弟子的过错没有过分的指责，而是通过宽容的方式，让徒弟自己教育自己、自我改过，这比一味地批评指责更能够达到教育对方的效果。

在日常生活中，如果你的"对手"出于内心的丑恶，在你背后说坏话或者做了伤害你的事情的时候，你是伺机报复，还是宽容他呢？当你亲密无间的朋友，在无意或者有意间做了令人伤心的事，你是报复他所做的一切，还是让自己冷静下来，原谅他？

有人可能会说，宽容是软弱的表现。其实不然，有软弱之嫌的宽容称不上是真正的宽容。宽容是人生难得的一种佳境，一种需要操练、需要修行才能达到的人生境界。

宽恕之所以困难，是因为我们都认为，人应该为自己的过错付出代价，否则，也太便宜了犯错的一方。可是，你是否想过，如果不宽恕对方，又会产生怎样的结果呢？仇恨、愤怒、报复、怨恨……这会给你带来什么好处呢？在怨恨之中，没有人是赢家，让怒火在胸中燃烧，最终受伤的只是自己。为他人的过错耿耿于怀，只会让自己陷入不能释怀的挣扎之中。

只有我们以宽容的心态原谅了他人的过失，才会解开心锁，才能够释放自己。宽恕，就是抛开心中的一切怨恨、不甘和不满，让心灵回归平静和快乐，这是一种慈悲，也是一种解脱。

宽恕他人的极高境界，莫过于一个人得罪了你，但你却能够放下仇恨，去宽恕他，帮助他。当一个人用宽恕去化敌为友，当一个人能用宽容的美德换来自身心灵的豁达时，就是把人生最为美好的东西留给了自己。

懂得了这些，我们就要以宽恕的心去化解生活中的种种矛盾。要知道，宽恕的受益者不仅仅是被宽恕者，还有宽恕者自己。一个懂得包容、懂得宽恕他人的人，生命就会处处和谐，处处圆满。

女人，请好好珍爱自己

女人，在任何时候，都要记住：请好好珍爱自己，请把自己收拾得漂漂亮亮，想办法让自己活得漂亮，活得幸福，而他并非是你生命中唯一重要的。

薄暮时分，一位中年妇女在公园的紫藤花长廊中，握着手机不停地哭诉："事到如今，我还能怎么样，看在孩子的分上，我只能忍了。但是，没想到他仍旧如此无情，我现在连死的心都有……"接着又开始不停地抱怨那个男人是如何的无情，她这几年又是如何的辛劳。

原来，她的丈夫有了外遇，被她发现后，就与其大吵大闹。丈夫一气之下，就向她提出了离婚，如今的她欲哭无泪，不知如何是好。

她的肤色暗黄，一束凌乱的头发潦草地扎在脑后面，臃肿的身材"盛"在暗黄色的水桶裙中，脚上穿了一双很随意的白色的旧人字拖，这些颜色混搭起来，很不美观。

158

这些年来，她为丈夫操持家务，做饭、洗衣、带孩子，什么都做得很好，唯独忽略了自己。于是她的百般好，都被她丑陋的打扮黯淡了。年轻时候的她本是一个眉清目秀、毫无烟火味、瘦弱腼腆，不染尘埃的淡雅的女子，与当下的她完全是两个不同的模样。

其实，生活中很多人都会遭遇感情的伤痛，但是无论什么时候，我们都要学会好好地珍爱自己，只有懂得爱自己的人，才会得到他人的珍爱。能与相爱的人相守一辈子，固然很好，如果真到了不爱的一天，婚姻或爱情给你带来伤痛或失望，就不必再去浪费时间恨这个人，去和他争，和他吵。一生那么短暂，真的要赶快放下伤痛，好好地珍爱自己，想办法让自己活得幸福，那才是对对方最好的"报复"。

一切人与事都不可抵挡时间的洪流，握在手中的，也要做好随时被带走的准备。学着和气分手，过多的争吵和抱怨，只会让自己永不幸福。然而，时间也是仁慈的，终有一天，你会发现，这些怨过、恨过的光阴，早已经成为时光随手可以带走的"垃圾"。

大度一点，你可以快乐很多

走遍天南地北，每当我们在香火旺盛的寺院之中，总是能够看到一尊袒胸露腹、笑逐颜开、手携布袋席地而坐的胖菩萨，他就是人称笑佛的弥勒佛。他在笑什么？为什么而笑？有人曾以这样一副对联回答了这个问题：开口便笑，笑古笑今，凡事付之一笑；大肚能容，容天容地，与己何所不容。这是告诉我们，人只要大度一点，便能解除诸多烦恼，获得更多的快乐。

有一位中国妇人远离家乡来到美国，她在美国开了小店卖蔬菜。由于她的菜十分新鲜价钱又公道，所以她的生意特别好。这就让其他摊位的小贩十分不满。大家经常在扫地的时候有意无意地把垃圾扫到她的店门口。但是这位中国妇人十分大度，她并没有计较，反而每次都把垃圾扫到角落堆起来，然后把店门口清扫得干干净净。

她的旁边有一个卖菜的墨西哥妇人观察了她很多天，最后终于忍不住了，便问她："大家都把垃圾扫到你的门口，你为什么不生气呢？"中国妇人笑着说："在我们国家，过年的时候大家都会把垃圾往家里面扫。因为垃圾就代表财富，垃圾越多就代表你来年会赚越多的钱。现在每天都有人把垃圾送到我这里来，我感激还来不及呢。这就代表我的财运会一直很旺盛。我怎么舍得拒绝呢？"

墨西哥妇人听了之后就把这些话传到各个小贩的耳朵里，从此以后，再也没有垃圾出现在中国妇人的门口。

妇人将诅咒化为祝福的智慧令人惊叹，但是更重要的是她的大度和与人为善。她宽恕了别人，同时也为自己创造了一个和善的环境。和气生财就是这个道理，所以她的生意才会越做越好。倘若她采取消极的方式去对待，针锋相对的后果只能让事情变得更加糟糕。所以说，大度为人，少一些计较，会让事情变得更好，也会让人与人之间的关系更为融洽。

做个大度的人，你就会发现天地如此广阔。不要在彼此摩擦中浪费时间和生命，天地很大，比天大的是人的心胸。每个人都大度一些，生活就会变得和谐而美好。

大度是一种睿智的人生态度，它教会人们学会隐忍，学会堂堂正正做人，坦坦荡荡做事。只有大度的人才不会在意一城一池的得失，才能赢得人心。

大度又是一种风度。大度的人愿意听取别人的观点，愿意采纳正确的意见，愿意谦卑地与人交往。但是大度的境界需要用德行去修养，用智慧去创造，大度的人往往拥有美好的心境，拥有君子般的风度，能够更为融洽地与人交往。

当然了，要大度，首先要学会为他人着想，学会从对方的立场上来看问题，这样自己的观点也会更加客观，态度也会更加冷静。如果每个人都能够以大度的心态去对待别人，那么生活就会变得极为美妙与融洽。大度为人是一种较高的素质，也是一种高尚的情操。大度并不意味着怯懦和胆怯，而是一种开怀处世的心态。大度的人是健康乐观的人，这种人会用博大的心胸原谅身边人的一些小的过失，从而使自己获得心灵上的解脱。

风力掀天浪打头，只须一笑不须愁

杨万里有一首著名的诗叫《闷歌行》：风力掀天浪打头，只须一笑不须愁。近看两日远三日，气力穷时自会休。它告诉我们，纵然风大浪高，我们也不要慌张，不要忧愁，只需要一笑了之。为什么呢？因为少则两天，多则三天，风力就会逐渐减弱，浪头就会逐渐平静下来。只要你能够稳住自己的内心，耐住性子，把握好舵，就一定会迎来风平浪静的好日子。这是我们现代人应有的一种生活态度，遇到挫折或者不顺的事情，要以轻松的心情去面对，不久之后，便能迎来转机的到来。

有一天，海燕乘一辆出租车到车站，她因为星期天被上司派到外地出差而满脸的不高兴。但是一坐进车中，她就听到司机在得意扬扬地吹口哨。海燕见司机如此快乐，如此乐观，就羡慕地问他："你今天心情不错嘛！"

司机微笑着说道："当然啦，我每天都是如此，没有什么事情能让我心情低落啊！"

海燕脸上露出了浅浅的一笑，问道："难道生活中你就没遇到困难或者令你烦心的事情吗？"

司机接着说："不幸的事情和困难经常会有的，但是我悟出了一个道理，凡事只要尽力而为，对于人力所不能左右的事情，你即便再急躁或情绪再低落，也无济于事。再说，暴躁或者低落的情绪对自己一点好处也没有。多数情况下，只要你尽力了，老天总会帮你，让事情出现转机。"

听司机如此一说，海燕便好奇地问道："你怎么会有这种看法呢？"

司机缓缓地回答说："有一天清晨，我照常开车出门，想趁着上班高峰期多拉几个人，多赚点钱，但是情况却不如预期的顺利，因为车子没开出多久就爆胎了。当时天气极为寒冷，车子停在路边，我的心情也极为低落。接着，我无奈之下想换轮胎，发现没带工具。而且外面刮着大风，购买工具必须得跑很远的路程。"

司机故意停顿了一下，接着说，"就在这个时候，有个路过的司机问清我的情况，便马上从车上跳下来，一言不发地拿着工具上前帮助我。这位陌生的卡车司机很熟练地就把轮胎换好了。当我向对方表示感谢，想给他一些酬谢时，却见他轻轻地挥了挥手，立即跳上了车就离开了。"

司机笑着说："因为那个陌生人的帮忙，让我一整天的心情都大好，也让我相信，人不会永远都倒霉的。在轮胎问题解决后，我的心胸也顿时打开了，而好运似乎也跟着进了门，那天早上乘客一个接着一个，生意也比平时要多出一倍呢。所以，此后再遇到麻烦时，我总是对自己说：不必再心烦了，马上就会出现转机的，生活不会永远都停在不如意之中。"

生活中的事情就是如此，什么麻烦都不会永远停留在不如意之中，与其悲观失望，不如乐观面对，给自己一些积极的心理暗示力量，这样就能够让自己充满自信地去改变事情，迎来转机。

在生活中，许多人常会这样说："如果再将我置于当时的境遇中，我肯定不会那么悲观、失望了，我肯定会以乐观的情绪去面对！"但是，生活永远不会给我们第二次选择的机会，我们可以转身去看，却永远不能回头。如若体会到这一点，就以积极的心态面对当前遇到的麻烦吧，它就像我们过去所遭受的不幸一样，终究会出现转机的。

美国著名的成功学家拿破仑·希尔，在他还是一个孩子的时候，发生了这样一件事。有一次，他与邻居的几个小朋友一起在密苏里州西北部一间废弃的老木屋的阁楼上玩耍。由于太过兴奋，一不小心，他就从高高的阁楼上滑了下去。因为手指上偷戴着妈妈的一枚戒指，在滑落的过程中刚好勾住了一根钉子，一股强大的力量就将他的整个手指扯脱了下来。他尖声地叫道，鲜血直流。所有的孩子都吓坏了，拿破仑·希尔也以为自己死定了。然而，他活了下来，但是却失去了一根手指。

他是一个极为乐观的人，经过长时间的治疗，他的手好了之后，他就再也没有为此而烦恼过。因为烦恼是没有用的。他就接受了这个不可逆转的事实。他根本就没有为此自卑过。

后来，他用幽默的语言将自己的故事写成了一本书，获得了巨大的成功。

在岁月的长河中，我们每个人都会遇到一些令人不快的情况或麻烦的事情，在这个时候，与其悲伤难过，不如乐观地接受它，并且适应它。这样就可以用自己的积极乐观来淹没那些不幸，最终让这种不幸转变为一种幸运。就像拿破仑·希尔一样，相信这些不幸总会成为过去，没有必要给自己添加更多的烦恼。不要让一时的不如意困住你的心情，笑一笑，以乐观的心情面对，你就会发现，天大的问题终究有解决的方法，再大的困难终究会成为自己的一笔巨大的精神财富。

心宽是一种永恒的幸福

自轻自贱的人，早晚是会被自己击倒的；而心往宽处想的人，这个世界就没有过不去的坎。

人生偶尔会有失意，这是难免的。俗话说：人生不如意十之八九。如果这样说，人生岂不是尽是伤心事？事实并非如此。有一句话说"好事多磨"，站在一定的人生高度去观望漫漫前途，我们就会发现，失意只不过是人生的小插曲，关键是我们应如何面对失意的心态。其实，及时调整，放宽心，努力从得意与失意的反差中走出来，你就会发现，世界处处是阳光灿烂。

大才子苏东坡一生命运多舛，身处荒凉瘴疠之地，过着囚徒般的生活。他一生极有才华，却没能够实现自己的宏图壮志，但是因为其阔大的心胸，仍旧能够泛舟赏游赤壁，写下"颂明月之诗，歌窈窕之章"，畅谈人生哲学，留下《赤壁赋》这样的千古名文。

"下笔秀辞，扬手文飞"的张衡，终生仕途暗淡，"所居之官，辄积年不徒"，但他"从容淡静"，"致思于天文、阴阳、历算"，做浑天仪，造地动仪，令万世敬仰。在"学而优则仕"的古代中国，他没有取得传统意义上的仕途成功，但他并没有就此失魂落魄，终究成为科学界和文学学的明星。

心胸有多广，幸福就有多大。有一则有趣的公益广告，在公交车上拥挤的两个人发生口角，一位老人则说道："年轻人，心宽了自然就不挤了。"世界上，比海更宽阔的是天空，比天空更广大的则是人的心灵。生活无论如何磨人，如何将你推向一个狭小的空间中，但是人的思维是不受任何限制的，心灵的视野没有藩篱，来去自如，任你驰骋。

人的内心就像一扇门，敞开之后，宽宽大大，什么事情都过得去。如果每天把大门关着，或者只是开一道小缝的话，越看越嘀咕，越想越没路，愁事烦事就会堵着你的门。"世上本无事，庸人自扰之"。生活中，很多疾病和烦心事都是庸人自己琢磨出来的。因此，我们要保持平和的心态，一定要心宽才行。

《心宽就是福》这本书中这样写道：心宽既是一种心理健康的标志，

也是人生不可或缺的灵丹妙药。心宽就是福气。心宽了，才能保持精神的愉悦，心理健康，才能使痛苦与压力远离，让快乐与轻松常伴；心宽了，你才不会向困难与厄运低头，才不会在泥泞荆棘中彷徨，才不会被生活的风风雨雨摧垮。即使命运对你不公，你也能顽强地抗争，拨开阴霾见到晴天，迎来彩虹丽日；心宽了，你才不会被名缰利锁羁绊，才不会为乌纱铜锈折腰，才不会被纷争算计困扰。即使你无官少钱，也能生活得潇洒自在，充分体味人生的快乐；心宽了，你才不会小肚鸡肠地待人，才不会心眼如豆地对事，才不会为鸡毛蒜皮之事而耿耿于怀。即使遇到别人的误解，也能平和看待，坦然处之，最终赢得信任。心宽了，你就能平和豁达，坦荡磊落，从容洒脱，不刻薄，不猜疑，不气恼。即使自己的才能暂时被埋没，也能心情平静，继续奋斗，直至品尝到成功的喜悦。

与人争辩，是一场没有胜利的赌局

生活中常会遇到一些专爱与他人争辩的人。面对这样的人，最好的办法就是冷静，沉默应对，而不是以争辩的方法将对方批驳得一无是处，不把对方说得哑口无言、低头认错，绝不罢休。

在任何时候，与人争辩都是一场没有胜利的赌局。这样的人言语犀利，能说会道，表面看的确取得了胜利，让所有的对手望风而逃；但事实上，他们没有得到一点的好处，是大大的失败者。

孔融是三国时家喻户晓的人物，从小就聪慧过人，有一个特点就是能言善辩，这一点既给他带来了好处，也为他种下了"祸根"。

孔融的父亲与当时洛阳才子李元礼是故交，李元礼也很欣赏孔融的聪慧和才华。在孔融成年后，李元礼就力排众议，推荐他为京都大学之师，并视为知己好友。然而，孔融却因为爱与人争辩，且言语犀利，为他的人生埋下了沉重的伏笔。

有一次，孔融正在与李元礼谈话，碰巧太中大夫陈炜前来造访。李元礼就向陈炜夸赞孔融小时候是如何的聪慧有才华。而陈炜则用轻视的口吻说道："小时候聪慧的人，长大以后未必如此！"

孔融听罢，顿时很是愤怒，讥讽道："想来太中大夫小时候一定是十分聪慧的啦！"

听完孔融的话，陈炜顿时唇紫髭翘，无言可对。从此之后，他心中充满了对孔融的厌恶感。他认定，一个总爱逞口舌之快的人，将来的命运一定不会很好。

果然，等到孔融在曹操麾下效力时，最终因为徒逞口舌之快，让自己丧了命。孔融总是在曹操下决定时，立于一旁冷嘲热讽一番，他机智的口才让曹操无可奈何。甚至，孔融竟然干预曹操父子的私生活，给曹操写了一封信，讽刺其子曹丕纳袁绍的儿媳为妾。

多年来，曹操对孔融一直憋着气，最后，他借着孔融谋反的名义，将其处死。

军事与谋略见长的孔融在不与当权者合作的同时，又喜欢坐在一旁议论时政，自然不为曹操所容。正是他总爱逞口舌之快，总爱和曹操争论的缘故，才使自己走上了一条不归路。

与人争辩，是一场没有胜利的赌局。就像孔融一样，固然有才，但是不懂得忍让，爱与人争辩，最终却葬送了自己。

可以试想：与人争辩，你就是让对方赢，他又能赢到什么？所谓的输，你又能输掉什么？这个所谓的输和赢只是文字上面的罢了，我们多数的生命都浪费在语言的纠葛之中，最终伤的是和气，是彼此间的感情。认清了这些，那么从现在开始，就要放弃那些无谓的争辩，用宽容与大度去包容别人，这样才能收获和谐、友爱与真诚。

166

莫要因为小事，给生活打上死结

著名作家肖剑说：在很多时候，让我们疲惫的并非是脚下的高山与漫长的旅途，而是自己鞋中的一粒微小的沙砾。同样地，生活之中，影响我们快乐心情的恰恰就是生活中一些极为微小的事情。比如，因为孩子调皮，打碎了玻璃，使你心情陷入烦躁之中；早上挤公车因为别人无意中踩了你一脚而大发雷霆，一整天，心情都处于郁闷之中；因为不小心丢了东西，而使我们的心情一个星期都处于郁闷之中……这些事情看似很小，却足以吞噬掉我们一时乃至一天的好心情。

有一天，小唐打电话让一家垃圾搬运公司来家里清理多余的垃圾。等垃圾清理完的时候，这家公司要求消费者将自己的地址记在垃圾箱上面。小唐就随手用一罐喷雾油漆，在一个棕色橡胶箱上，喷上了自家的地址。因为她的疏忽，她最喜欢的白裤子上沾上了几滴油漆。小唐自己很不高兴，于是努力想去掉这些油漆，但回到家，无论如何努力，都无法清除。

接下来的几天，她只要看到那条裤子，心里就会莫名地犯别扭，总是抱怨当初自己为何那么笨。这件事困扰了小唐很多天。每天，她都会莫名地责备自己一顿。后来有一天，她陪一位朋友到当地的五金商店去买一些涂料。在一个架子上她发现了一个写着"消除错误"的小罐子——一种可去掉油漆和其他难去除的污渍的去除剂。

这种涂料让小唐异常兴奋，急忙买了一罐。回到家后，她赶紧按照说明，清洗着那些困扰她的污痕。令她高兴的是，污痕立刻就不见了。

看着清洁的裤子，小唐立即意识到，自己这几天的举动是如何的荒唐，这件小事根本没有自己想象的那么严重，任何罪过都是可以宽恕的，任何过失都不应该耿耿于怀，否则，永远品尝不到生活的快乐。

生活中，每个人都不可避免地会出现一些小过失，尽管这些小过失会给自己带来一定的麻烦，但是，它并不是罪过，我们无需对自己那么刻薄。对于生活中的小失误，我们应该学着原谅自己，下回注意即可。就如莎士比亚所说："过去的就让它过去吧！"豁达些吧，不要把自己的失误一直放在心上。

两千多年前，雅典的政治家伯利克里就曾经留下一句忠告："请注意啊，我们已经将太多的精力纠缠于一些小事情了！"这句话对于今天的人们来说，仍然很值得品味和借鉴。生活都是由无数的小事组合而成的，如果我们过多地拘泥、计较，那么，我们的人生也就没有什么意义和乐趣可言了，我们触目所及的必然都是烦恼、痛苦、矛盾与冲突。

在任何时候，都不要因为小事给自己的生活打上死结。人的精力是有限的，如果你过于计较小事，那么，对人生中的一些大事的注意力与处理能力就必然会淡化，甚至是无暇顾及了，这也就意味着你将会失去更多。所以，我们要勇于放下，"糊涂"地对待一些小事，这样才能让自己收获更多重要的东西。

宽容是一种巨大的力量

得饶人处且饶人，就是告诉我们，在与人相处的时候，如果对方不是犯了什么大错，能够原谅的时候不妨原谅一下，能够宽容就不妨宽容一次。

有一天，楚怀王设宴大宴群臣，犒劳众位将军与大臣。那一夜歌舞升平……

酒过三巡，华灯初上，楚怀王兴致很高，于是就召唤后宫的妃子出来为各位大臣、将军敬酒。在所有的妃子中，许姬是最漂亮的一位，吸引了所有人的眼光。

当许姬为一位将军敬酒的时候，灯忽然灭了，于是那个将军就趁机揩油，握住了许姬的手，而此时许姬也乘机摘掉了那位将军头上的帽缨。

许姬就向楚怀王说了刚才的事情。怀王听罢，并没有发怒，而是让在座所有的人都摘掉头上的帽缨，所有的大臣也顺便把随身的象征身份的玉佩也解了下来，然后让宫中的太监收了起来。当灯再次亮起的时候，所有的将军头上都没有帽缨。

在座所有的人，只有那位将军明白大王是用这种方式宽容了自己，于是心存感激之情。

后来，在一次战斗中，楚王被许多的敌兵围困，陷入欲进不能、欲退无路的地步，楚怀王大急。就在此时，旁边有一员大将杀出，威猛无比，奋不顾身，杀得周围的敌兵四处溃散，最终，救出了楚怀王，也结束了那场战斗。而这员猛将正是那天被宽容的将领。

这就是宽容的力量，小可以救人，大则可以拯救一场战争，拯救一个民族，一个国家。所以，生活中，我们应该学会用一颗博大的心去宽容别人。

宽容可以使人奋发向上，可以让人冰释前嫌，可以加深彼此间的友谊与感情，可以给人以力量，就像阳光赐万物以能量一般。

一天晚上，一位老禅师在深山的寺院中打坐，突然闯进来一个强盗。他手持利刃，恶狠狠地对老禅师说道："把所有的财物交出来吧，否则就要你的命。"

老禅师睁开眼睛，淡淡地说道："我的全部物品都放在抽屉里面了，自己过去拿吧。但是，请你留下一点点，不然我可能没有钱买米煮饭了。"

强盗没听老禅师说完，就将抽屉中的物品抢劫一空，一分钱也没有留下来。老禅师呵斥道："你拿了我的财物，怎么不说一声谢谢呢？"

这个强盗心想，这个老和尚真是愚昧至极，就冷冷地说了一句："谢谢你了。"然后，拔腿就跑。

　　然而就在这个时候，强盗感到极为奇怪，自己从来没有见到过这样的和尚，心中七上八下，想到刚才叫自己留下一点钱，本来不想留下，这时候却鬼使神差地跑回去留下了一点，扔进了和尚的抽屉之中。

　　不久之后，这个强盗就被官府抓到了，官府的人让他把自己的罪行全部都招出来，而他却说了自己在深山中的抢劫一案。于是，官府就让老禅师前来确认。

　　令人意外的是，这位老禅师对官府的人这样说道："他没有抢我的钱，那是我借给他的，他临走时还对我说了声'谢谢'，他没有把我的钱全部拿走，还给我留了一些，怕我无法维持生活。"

　　强盗本来认为自己要去蹲大牢了，却没想到禅师居然如此的宽仁，便一声不吭地跟着官府的人走了。后来，他刑满之后，就去找那位禅师，并诚心要做老禅师的弟子。

　　生活中，如果我们能够怀着一颗仁爱的心，以仁爱善待他人，以善良来感化邪恶，以真诚来感化谎言，那么，即便是再邪恶的心也能够被感化，也能够弃恶从善，所以，从现在开始，我们就怀着一颗宽容之心去对待身边的人和事吧。

第八章

心存感恩少抱怨：
境由心生，换个角度福自来

任何事物都有两面性，很多时候，我们之所以不快乐，是因为我们不能转换自己的心态，看不到事物积极的一面，不懂得以感恩的心态面对一切。

一个人只有心存感恩，才能看到苦难和折磨背后所隐藏的机遇与感动，才能珍视挫折和磨难，才能将之转化为前进的动力，才能使自己在坚强之中收获成功的果实。心存感恩，就会减少许多愤怒，只有心存感恩，才能坦然面对生活中的得与失，才能开始快乐的奇迹，才能让自己的人生更洒脱。

给春天一个灿烂，给友善一个微笑

每个人，每时每刻，其实都在享受这个世界的恩赐。我们吃的、住的、用的，大都是他人所创造，或者是这个世界给予的，我们美好的生活，均拜他人所赐。为此，我们要时时以一颗感恩的心去面对这个世界，这也是我们获得幸福和快乐的一种重要方式。

在拥挤的公交车上，一位小女孩腼腆地站起来，给一位刚刚上车的老伯伯让座。起身之后，小女孩就靠在座椅的旁边，看着老伯伯坐下来后，她的脸上露出了微笑。她是为了做好事而快乐。

慢慢地，她的内心有了想法，几次欲言又止。最终，她在将要下车的时候，轻轻地拉了一下那位老伯伯的胳膊，声音很小，但是让听者的心为之一怔。她说道："伯伯，你怎么不说一声'谢谢'呢？我一直等了三站呢，你连对我笑都不笑一下，为什么呢？"

看到此状，旁边的人都笑了，而唯独这位老伯伯没笑，仿佛未听明白小女孩的话，无动于衷。

其实，生活中像公车上那位老伯伯的人有很多，无论别人对他做什么，他们没有一点感觉。对友善没有一丝的回应，对帮助他的人没有一点感激之情，仿佛他们心灵的行囊里，永远没有"谢谢"二字。

同样地，那位小女孩并非是在等待一种回报，而是在等待一种回音或者回应。她不明白，她为他让了座，这位伯伯怎么连"谢谢"都不说呢，甚至连个微笑也不回呢？

试想，如果春天来了，没有一朵花响应而开，没有一棵草破土而出，春天又会在哪里呢？友善的言与行无疑是极为美好的，犹如一声呼喊，它同样需要回音。所以，生活中，对于他人的善举，我们一定要学会感恩，这样才能感受到友善、快乐和幸福。

一位靠捡破烂维持生计的老爷爷，资助一位学生读完大学，直到对方参加工作。

后来，有人问老爷爷："那孩子工作后，应该经常来看你吧，应该尽他所能报答你了吧?"

听罢此话，老爷爷笑了一下，说："报答？多年来，我从未听对方向我说一声'谢谢'，甚至一封信、一条短信都没写过。我不需要他的报答，而只想要一个答案。这几年中，哪怕他给我发一个字，说一句话，我也能从中去揣测他内心的感受。"

冷漠与冰凉，只会消磨友善者的美好初衷和道德激情。生活中，如那位受资者一样的人有很多，只是理所当然地接受，不懂得感恩，这样的人是如何也感受不到快乐和幸福的。

每时每刻，我们都在享受着这个世界所给予我们的许多新鲜而美好的事物，孩子的一声呢喃之语，爱人的一个拥抱、亲人的一句关怀……这些都带给了我们很多的惬意和温馨。我们要以一颗感恩的心去回报他们，这样才能感受到，我们其实是被包裹在幸福之中的。

记住：在任何时候，都不要让友善者的心变得冰冷和疲惫。颔首致意，微笑并感恩——这就是我们应该给予友善者的最起码的应答。

有一种爱，亘古绵长，无私无求

爱情、友情都会随时间的推移而不断褪色，被人所淡忘。而世界上只有一种感情却是亘古绵长、无私无求的，那就是亲情。所以，我们要时刻对父母心存感恩。要记住，就算全世界抛弃了你，你的父母也永远不会抛弃你。

刚刚上课，一位老教授就面带微笑，走进教室，对同学们说："这堂课，要给大家做一个选择题。"一听到这话，同学们都开始议论纷纷，做选择题？这可比听课有意思多了。

问卷表一发下来，同学们一看，有两个选择题。

1. 他很爱她。她漂亮的瓜子脸，弯弯的眉毛，面色也极为白皙，美丽动人。然而，有一天，她不幸遇上了车祸，痊愈以后，脸上留下了几道大大的疤痕，很是丑陋。你觉得，他会一如既往地爱她吗？

A. 他一定会 B. 他一定不会 C. 他可能会

2. 她很爱他。他是商界精英，温文尔雅，敢打敢拼。突然有一天，他破产了。你觉得，她还会像以前那样爱他吗？

A. 她一定会 B. 她一定不会 C. 她可能会

这两个简单的选择题，同学们很快就做好交上了问卷。问卷收上来以后，教授一统计，发现：第一道题有5％的同学选A，有5％的同学选B，有90％的同学选择了C。第二道题，有20％的同学选了A，20％的同学选B，60％的同学选择了C。

看完同学们的答案，教授笑道："看来，美女毁容比男人破产还让人无法容忍啊。"教授笑了笑，说道，"做这两个题目时，你们潜意识中，是不是把他和她当成恋人关系了呢?"

"是啊。"同学们答得很整齐。

"可是，题目本身并没有明确说他们两个是恋人关系啊?"教授似有深意地看着大家，"现在，大家可以来假设一下，如果，第一道题目中的'他'和'她'是父女关系，第二题中的'她'和'他'是母子关系。让你们把这两道题再重新做一遍，你还会坚持你原本的选择吗?"

当问卷再次发到同学们的手中之后，教室中瞬间变得很是宁静。一张张年轻的面庞就变得凝重而深沉。几分钟之后，问卷收了上来，教授再一统计，两道题，同学们全部都选择了 A。

最后，教授用深沉而动情的语调说道："在这个世界上，有一种爱，亘古绵长，无私无求，它不会因为季节的更替而改变，不会因名利的浮沉而变化，这就是父母之爱啊!"

是的，世界上所有的爱都会因这样或那样的原因发生改变，唯独父母之爱会亘古绵长，无私无求。看过了，想过了，懂得了，就要记住，世界上最爱我们的人就是家里的父母，我们要对他们永远心存感恩。想家了，给父母打个电话吧，过节了给父母发条短信吧，父母其实是很容易满足的，我们一个小小的举动就有可能给他们带来无限的感动。

从现在开始，好好珍惜父母对你的恩情吧! 在你还能表达自己对他们的敬意和爱意时，不要吝惜自己的时间，不要吝惜自己情感的表达，因为他们为你付出了一生，你也亏欠了他们太多。在父母都还健在的时候，常回家看看，和他们坐下来聊聊天，说说你最近的情况，问问父母的健康，帮他们分担一些家务。多理解父母的唠叨，人老多情，这是再正常不过的事。我们也会有老去的那一天。只要让父母时刻感受到你的关心和孝顺，他们的心灵就会感受到莫大的慰藉。与此同时，你的心中也会感到坦然和幸福。

岁月无情催人老，这是一个谁也无法避免的残酷事实。马上付诸行动，不要等到父母离开我们时才感到无尽的懊悔。当现在成了过去，机会就会变得越来越少了。

感恩每一天，你的存在就是一种幸福

人一生会经历各种各样的事情，有喜亦有忧，其实，如果你仔细想想，这些根本算不了什么。因为在生与死之间，只要活着，便是一种幸福。

在 1991 年 11 月的一天，32 岁的 NBA 名将"魔术师"约翰逊正式向公众宣布退役，因为他不幸地感染上了艾滋病病毒。20 多年过去了，约翰逊依然在积极地生活着，并努力与病魔抗争。

在这期间，约翰逊一直接受着鸡尾酒疗法，将自己的病情控制在极为稳定的范围之内。作为三个孩子的父亲和丈夫，他在家人的陪同与支持下，全身心地投入到工作之中。他管理着一个规模不小的商业王国，其资产比退役的时候增加了近 20 亿美元。在 2001 年，他成立了魔术师约翰逊公司，拿下了洛杉矶城市中一块无人接手的地皮，并且建造了魔术师约翰逊大剧院。他又说服了很多商家入驻，一个崭新的商业中心形成了。在 2006 年，他又大胆地收购了一家极为著名的连锁餐厅，可谓身家不菲。

除了经商之外，他把所有的时间都投入到篮球和公益活动之中。他曾经担任一家电视台的 NBA 嘉宾及主持。还经常参加以篮球为主题的公益活动……这所有的一切，固然没法让他脱离艾滋病魔的缠绕，但是约翰逊却说："我从来没有把自己当病人，我为自己所存在的每一天而庆幸。每一天都活着，每一天对我来说都是纪念日。我活着，也是为了告诉那些患有艾滋病的人，一定要自强不息，要积极地面对生命中的每一天。"

疾病和灾难都是无法预料的，生命的流逝也是无可挽回的，我们应该像约翰逊一样，怀着感恩的心去珍惜每一天的生活。

如果你早上醒来后发现自己还顺畅地呼吸着，那么，你应该心存感激，应该庆幸，因为一个星期离开人世的人就有 100 万，你比他们都有福气。

如果你从来没有经历过战争的危险、被囚禁的孤独、受折磨的痛苦与忍饥挨饿的难受……那么，你已经比世界上 5 亿人幸运了。

如果你的家中有果腹的食物，身上有足够的衣服，有栖身的房屋，那么，你已经比世界上 70％的人幸运和富足了。

根据联合国的数字调查报告显示，如果你的银行账户有存款，钱包中有现金，那么，你已经位居世界上最富有的 8％之列。

如果你的双亲仍旧健在，并且没有离婚，那你已经属于稀少的一群人了。

如果你能够抬起头，脸上仍旧能带着笑容，并且内心时刻充满感恩的心情，那么，你是真的幸运了，因为世界上大部分人都可以这么做，但是他们却没有。

看到这里，你的脸上是否也露出了幸福和微笑呢？无论在什么时候，我们都要怀着一颗感恩的心，因为我们现在正毫无残缺地活着。

你有多久没有好好地静下心，和家人静静地到外面散散步，有多久没有能够闻闻花园中的花香，看看蓝蓝的天空？有多久没能和家人一同去吃饭，听听家人的欢笑声了？又有多久没有好好地享受人生了？你每天忙于工作，疲惫不堪，除了麻木之外，还有一颗感恩的心吗？切勿因为生命过于沉重而忽略了感恩，正因为生命太过沉重，我们才更应该怀有感恩之心。

感恩生活，感谢朋友，感谢父母，感谢生命中的所有，我们应该时刻以一颗感恩的心去承受生活中的一切，因为活着本身就是一种幸运，一种莫大的幸福。

苦难，让生命更显珍贵

苦难是人生不可或缺的内容，在你经历的时候，它虽然苦不堪言，但是，要知道，正是这些磨难才使你的生命变得更加坚强，也正是在磨难中，我们才体会到了生命的厚度，才使生命显得更为丰富和精彩。为此，我们要以豁达的心胸去感谢磨难与不幸，也正是它们，才使我们的生命变得更为坚持，更为有意义。

在人生的岔道口，如果你选择了一条平坦的大道，你可能会过一种舒坦而享乐的生活，这样会使你失去一个历练自己的机会；而你如果选择了一条坎坷的小路，你的人生也许暂时会在痛苦中度过，但人生的精彩也会由此展现。

蝴蝶的幼虫时期是在一个洞口极为狭小的茧中度过的，而当它的生命要真正发生质变和飞跃的时候，这个狭小的通道对它来说犹如鬼门关一样，那娇嫩的身躯必须要竭尽全力才可能破茧而出。许多幼虫在往外冲杀的时候因为要竭尽全力而死亡，成为飞翔的祭品。

有的人不忍心看到幼虫力竭身亡，会在幼虫破茧而出的时候，用剪刀将通道修得宽阔一些。这样一来，所有受到帮助而见到天日的蝴蝶都不是真正的飞行精灵。它们无论如何都飞不起来，只能够拖着丧失了飞翔功能的双翅在地上笨拙地、慢慢地向前爬行。原来，那"鬼门关"般的狭小茧洞恰恰是帮助蝴蝶幼虫两翼成长的关键所在。在穿越的时候，通过巨大压力的挤压，血液才能被顺利地输送到蝶翼的组织中去；唯有两翼充血，蝴蝶才能够振翅飞翔。而人为地将茧洞剪大的话，蝴蝶的双翼就丧失了充血的机会，爬出来的蝴蝶便会永远与飞翔绝缘了。

其实，一个人成长的过程就犹如蝴蝶破茧而出的过程，只有在痛苦的挣扎中，才能得到磨炼，力量才能得到加强，心智才能得到提高，生命也才能在痛苦中获得升华。当你从痛苦中走出来的时候，就会发现，你已经拥有了飞翔的力量。如果没有挫折，也许会像那些受到"帮助"的蝴蝶一样，萎缩了双翼，平庸一生。

一个人在他 46 岁的时候，一次极为悲惨的车祸中使他变得不成人形，4 年之后，又在一次坠机事故中腰部以下全部瘫痪，这样的人，以后会怎么活下去呢？

然而，就是在这一次次磨难的摧残下，他变成了百万富翁、受人爱戴的公共演说家、得意扬扬的新郎官以及成功的企业家，同时，他还快乐地活着，经常去泛舟、玩跳伞，在政坛为自己角逐到了一席之地。

这个人就是米契尔，曾经是海军陆战队一名出色的队员。在经历了两次可怕的意外事故之后，他的脸因为植皮而变成一块彩色板，他的手指没有了，双腿也变得细小，而且瘫痪，永远无法行动，只能够呆呆地坐在轮椅上面。

那次机车意外事故，把他身上近六成的皮肤烧坏，为此他动了 16 次手术。手术之后，他无法拿起叉子吃饭，无法打电话，无法一个人上厕所，完全丧失了自理能力。然而，他从未认为自己被打败了。他不停地对自己说："我是可以掌控自己的人生之船的，那是我的浮沉，我可以选择将目前的状况看成是倒退或者是一个起点。"

后来的米契尔为自己在科罗拉多州买了一幢维多利亚式的房子，还买了房地产、一架飞机以及一家酒吧。后来，他还与两个朋友合资开了一家公司，专门生产以木材为燃料的炉子，这家公司后来发展成佛蒙特州的第二大私人公司。

就在机车意外发生的 4 年后，米契尔自己开着飞机在起飞时又摔回跑道，他胸部的 12 块脊椎骨全部被压得粉碎，腰部以下永远地瘫痪。

在这样的磨难下，他仍旧不屈不挠，日夜努力地使自己达到最高限度的独立自主。他曾经被选为科罗拉多州孤峰顶镇的镇长，主要保护小镇的美景以及周边的环境，使之不因为矿产的开采而遭受破坏。米契尔后来也曾经竞选国会议员，他用一句"精神上的小白脸"的口号，将自己难看的脸转化成一种有形的资产。

尽管他面貌骇人、行动不便，但是他却依然坚持泛舟，勇敢地追求自己的爱情，很快地坠入爱河并且完成终身大事。他拿到了公共行政学的硕士学位，并继续进行他的飞行活动、环保宣传活动以及各种公共演说。

在一次采访中，米契尔曾经说过这样的话："瘫痪之前我可以做10000件事情，我现在只能够做1000件，我可以将注意力放在我无法再做的9000件事情上，然后悲观消沉；也可以把目光放在还能够做的1000件事情上面，然后享受生活。我的人生曾经遭受过两次极为重大的挫折，而我不能够把挫折拿来当成放弃努力的借口。在苦难面前，如果你能够用一个新的角度，来看待一些一直让你裹足不前的经历，用感恩的心态去对待磨难，那么，你就能很容易获得成功！"

作家普里什文曾经写道："在那些曾经受过折磨和苦难的地方，最能长出思想来。"其实，磨难是一件对人生最为有用的东西，它就像蚌，虽然会喷出扰乱我们前途的沙子，但是体内却隐藏着一颗颗可以让我们不断迈向成功的"珍珠"。

事实就是如此，没有经历过几番风雨折磨的禾苗永远结不出饱满的果实，没有经历过挫折的雄鹰永远不能高飞，没有经历过磨难的士兵永远当不上元帅……这些就是自然界告诉我们的一个极为简单的真理，一切事物如果要变得更为坚强，就必须要经历一些不幸和困境。如果你能够以这样的眼光去看待苦难，你的苦难就转化成了生命的芬芳。

所以，我们要以一颗感恩的心去面对生命中的磨难，正是因为它们，我们才有发挥生命韧性的机会。如果你总是垂头丧气，抱怨世界的不公，那么，就想想米契尔吧。

没有感受过凛冽寒风的人，永远无法知晓太阳光是温暖的；没有磨难的人生，生命无法放射出光辉来。所有的磨难都是我们体验生命的绝佳机会，人生没有过不去的难关，关键在于你是否愿意多给自己一点信念和力量。在磨难中，只有即刻站起来，继续前行，才能让生命熬出头。

感激你的对手

一位哲人说过，任何的学习，都比不上一个人在与敌人较量的时候学得迅速、深刻和持久，因为它能使个人更深入地了解社会，接触社会现实，使个人得到提升与锻炼，从而为自己铺就一条成功之路。所以，从一定程度上来说，我们还要感谢自己的那些敌人，正是因为他们，才加速了自己成功的步伐。如果你能够以感激的心态去对待你的敌人，那么，你就不再是一个悲观消极、面对苦难掩面而泣的人，而将成长为一个无往不胜的勇士。

所以，当我们走出困境或是取得成功的时候，在感谢那些曾经伸手帮助过自己的人以外，最应该做的就是要敞开胸怀去感谢你的对手或敌人。因为，你当下所取得的成就，对手所起的作用与朋友是大体相当的，甚至还远远地超越了你的朋友，因为成功需要顶住对手的压力，从某种意义上是对手给了你"反弹力"。但是，真正做到发自内心地感谢对手不是件容易事，因为它需要宽广的胸襟，可世界上又有多少人具备这样的气度呢？

在康熙六十岁大寿时，举行了一场盛大的"千叟宴"。在宴会即将结束时，康熙拿出老祖宗留下的大铜碗，装了满满三大碗酒。第一杯酒，康熙敬孝庄皇太后，感谢她帮助自己登上了帝位，并教导他如何做一位好皇帝。第二杯酒，康熙敬天下臣民，感谢他们为江山社稷所做的贡献。当他端起第三杯酒的时候，众人屏息以待，都想知道谁是康熙要敬的第三个大恩人。然而，康熙给出的答案却出人意料。他缓缓地说："第三碗酒，我要敬给朕的那些死敌们。鳌拜、郑经、吴三桂、噶尔丹，还有朱三太子，他们都是英雄豪杰。他们逼着朕立下了丰功伟业，朕恨他们，但也敬重他们，是他们造就了朕……"

在成功时，我们也要学会去感谢我们的对手，如果没有对手，我们就不可能释放出自己最大的潜能来。可以说在很多情况下，是对手在迫使我们不断地前进，不断地超越。

感谢压力，压力是你前进的助推器

压力无处不在，生活的压力、工作的压力、交际压力……在诸多的压力之下，很多人会痛苦不堪。然而，你是否想过，正是这些压力才激发出了你内在的激情与动力，才让你变得更为优秀。在压力面前退缩，只会憔悴了你的意志。当面对压力的时候，你要及时地改变心态，将压力很好地转化为动力，这样你的痛苦和焦虑就不会存在了。

在非洲中部最为干旱的大草原上，生活着一种巨蜂，这种蜂短翅膀、短脖子，体态肥胖且臃肿。根据生物学家们的理论，这种体形肥胖臃肿而且翅膀短小的蜂的飞行技能应该是最差的，甚至连鸡、鸭都不如。用流体力学来分析的话，它们的身体与翅膀的比例根本不能够起飞，即便将它们扔到天空中去，它们的翅膀也不可能产生承载肥胖身体的浮力，会立即掉下来死掉。然而，出人意料的是，这种蜂却能够在非洲的大草原上连续飞行约 250 公里，而且，飞行高度也是一般蜂类所不能及的。另外，这种蜂也是极为聪明的，它们平时就藏在草丛中或者岩石的缝隙中，一旦发现食物后就会立即振翅飞起来。尤其是当发现它们生活的地区将面临极度干旱的时候，它们就会成群结队地迅速逃离，向一些水草丰茂的地方飞行。

生物学家们认为，非洲蜂虽然天资低劣，但是它们也只有学会极为强健的飞行本领，才能够在气候极为恶劣的非洲大草原生活下去。如果它们不能够飞行，或者飞行能力极差，它们面临的只有一条道路，那就是死亡。

对于我们人类来说，只有压力才能最大限度地激发出生命的能量，让你变得更优秀。人在巨大的压力之下，身体内部就会分泌出巨量的肾上腺素，可以激发出人无尽的潜能，可以最大限度地促使人跑得更快，跳得更高，力量也会更强大，从而做出惊人的成就。当人们处于顺境或者宽松的环境的时候，是不可能突然爆发出这种惊人的潜能与做出惊人的成就的。所以，我们平时的很多成绩都是压力作用的结果。

如果你现在身处压力之下，不应该抱怨，而应该对此心存感激，它能够挑战我们生命的极限，让我们不断地超越自己，成为更优秀和更卓越的自己。这样我们就可以从抱怨和痛苦之中解脱出来，以积极的态度面对工作，面对生活，让生命向更高的方向飞去。

常常感恩，时时惜福

生活中，我们的心经常会被莫名的坏情绪包裹着，总是忍不住向周围的朋友抱怨，抱怨上司的苛刻，抱怨同事的刻薄，抱怨孩子不听话，抱怨家人不理解，抱怨工作不如意……周围的一切好像变得让人无法忍受，这主要是因为我们不懂得惜福，不懂得感恩。要知道，快乐不是因为得到的多，而是因为计较的少。如果我们不能够体会到自己已经拥有的幸福和快乐，心中只能够容得下私利，那么，拥有得再多，也不会感到幸福和快乐。

天使来到人间，想给那些受苦受难的人带去欢乐和幸福。

这一天，天使来到田野间，遇到一位在田中耕田的农夫，农夫在田中耕地很是辛苦，当他举头看到天使，便对他说道："我家的那头牛刚刚死去了，没有了它，我自然要比以前辛苦许多。"于是，天使马上就赐给他一头牛。农夫极为高兴，天使也在他身上找到了幸福和快乐。

又一天，天使又遇到了一位青年男子。这位男子的表情很是沮丧，天使问他原因，他说："我独自一个人来到城中闯荡，钱财全被人抢光了，现在又饥又饿，无法回乡。"天使听罢，就给了他一些银两做路费。男子十分高兴，天使也同样在他身上找到了快乐和幸福。

随后，天使又遇到了一位年轻的作家，作家英俊、潇洒，而且还有一位温柔的妻子、两个可爱的儿子，但是他每天都愁眉不展，过得很不快乐。

天使就问他："你看起来十分不快乐，我能够帮助你吗？"

作家就对天使说道："我什么都不缺，就缺一件东西，你能够满足我吗？"

天使回答说："可以，你缺少什么呢？"

作家内心充满希望地看着天使说："我缺少的是快乐。我的妻子尽管温柔，但是长得太过丑陋，而且我们没有共同的话题，每天都说不上几句话；我的儿子尽管可爱，但是太过调皮，每天让我无法安宁下来去写作；我的邻居都是些爱说人长短的人，有事没事就爱揭人短……周围的一切真是糟糕透了，我感受不到任何的快乐。"

如何才能给予他快乐呢？这可难坏了天使。过了一会儿，天使说："我明白了，你的所有要求，我都会满足你。"接下来，天使就将作家周围所有人都带走了，只剩他一个人孤零零地活在人间。

没有了亲人的牵挂，作家比以前更痛苦了。没有了儿子的欢闹，没有了妻子的温柔安抚，没有了邻居的欢笑……他觉得一切都失去了意义。正在他疲惫不堪的时候，天使又出现了，将他的儿子、妻子和邻居全部归还给他，然后，就离开了。

半个月以后，天使再去看望作家，这次，作家使劲地抱着儿子，搂着妻子，不停地向天使道谢，因为他现在真正地得到快乐了。

每个人都生活在幸福和快乐之中。生活中，我们之所以会出现这样那样的烦恼和痛苦，是因为我们内心不懂得感恩，被过多的私欲所占有，不懂得珍惜自身所有的幸福。这个时候，如果你能够敞开心扉，用心去体会周边的世界、周围人对我们的付出，你就会发现，一切事情都值得我们去感恩。没有阳光雨露，就不会有明亮温馨的日子；没有水源，就不会有生命；没有春夏秋冬的轮回，我们就体会不到生命的生生不息；没有了亲情和爱情，我们只能感受孤独和凄凉。总之，周围的一切给予我们太多的福祉，我们要用心去体会自己所拥有的一切，并经常去感恩，这样才能发现围绕在我们周围的幸福。

感恩是一剂能让人心情好转的良药。心存感恩，生活中才会少些怨气和烦恼，心存感恩，心灵才会感到宁静与安详。心存感恩，你才会敬畏地球上所有的生命，珍爱大自然的一切惠赐，才会时时感受生活中多的是"拥有"，而非"缺少"。

惜福能让我们珍视当下的一切，让我们的内心少一些欲望，少一些攀比，学会知足常乐，让心灵时刻都能够保持淡定和从容。懂得惜福的人，知道幸福是来之不易的，又是极为短暂的，因此，他们会格外地珍视。有福固然很重要，但如果不懂得爱惜，最后只能是竹篮打水一场空。我们要懂得去惜福，这样才能以包容的心态去面对周围的人与事，才能真切地感受到生活中的幸福和快乐，才能活得更加洒脱与轻松。

错过也是生命的一种美丽

漫漫人生征途，我们注定要与许多美好的事物失之交臂。错过一处怡人的风景，错过一份真诚的友谊，错过一段刻骨铭心的爱情……有些人、有些事注定要在我们的旅途中错过，为何不把它当作一场错过的美、遗憾的美呢？又何必去埋怨人生所带给我们的不完美的境遇，而苦苦追寻那失去的种种呢？为何不将其放在心灵深处，在一个恬静的午后，或是在一个落日的黄昏，抑或是在一个凉风习习伴着秋虫婉转低吟的夜空下，一个人细细地品味其中的美好呢？在心灵怡然的时候回忆那些带有感伤的往事，会让我们更为真实地感受到生命的美。

在熙熙攘攘的人群中，一位青年无意间看到了一位身材婀娜的女子，尽管与对方相隔甚远，但女子的情影却依然令人怦然心动。于是，他便拼了命地挤到这个背影的身边，希望一睹对方的芳容，并渴望有机会能与对方搭讪。

然而，当他走近看到这位女子真实容颜的时候，却让他大失所望。对方的脸上长满了青春痘，而且眼睛也不像他想象的那么明亮、有神……这与自己所设想的"正面"简直是天壤之别。他逃也似的离开了，原本准备好的搭讪的话也咽回了肚子里。

后来，这个青年为自己的行为懊悔不已，自己的好奇心破坏了心中的那幅"美景"。

很多时候，"错过"会比"得到"能给生命留下更多的美丽。故事中的青年如果能够抑制住自己的好奇心，珍惜眼前的"背影"，不急着去看清对方真实的面目，可能就不会受到如此大的"打击"了。与其"得到"还不如"错过"，更能够给生命增添一份美丽。

这就是真实的人生，错过有错过的美丽，错过并不意味着失去，而是意味着你可以保留对它的完美的想象，而不是见到本真的失望。

有一天，静在下班回家的路上，突然遇到了大雨。因为没有带伞，只好无奈地站在公交站牌下面等公车。雨下个不停，静搭乘的公车还没有来。眼看着车站的人一个个地上车离去，静顿时懊恼自己的粗心。

翔开着自己的车子在雨中奔驰，他开得不是很快，因为他喜欢雨天，喜欢看雨中的一切，这个时候，忽然一个靓丽的身影映入眼帘，那就是静。她虽然个子不高，但是很有气质，而且雨水淋湿了她前额的头发，翔看着竟不由自主地放慢了车速，最后停在车站的旁边。

一辆辆的公交车来了又走，女孩依然在站台等候，也许是她的车还没来吧，翔就这样想。其实，雨中的她显得十分纯情自然，就像一朵刚刚盛放的白玉兰，纯净得让人忍不住想多看几眼。

翔就这么看着，他不知道自己能否邀她上车，然后送她回家，因为他们毕竟素不相识，即便他邀请了她，她未必会相信他，翔不断地在心中猜测着。

雨不停地下着，静就这么焦急地等着，翔就这么看着。

终于，来了一辆公交车，静上去了。翔看到静上了公车，看着公车在雨中缓缓行驶，他忽然觉得自己很是失落。是因为她吗？他们毕竟不认识呀，但为什么自己会不开心呢？难道自己真的在一瞬间喜欢上了她？翔露出了浅浅的一笑，这个女孩确实使他的内心荡起了一层涟漪。

翔有些后悔自己没有打车门，邀她上自己的车子，这样或许他现在也不会后悔了。可是这都是假如，翔又笑了笑。其实错过了也好，虽然错过了，但是在自己心中留下了一份美好的回忆，这可是一件美事。更何况，如果邀她上车，如果遭到拒绝，留给自己的也就是一份尴尬了。这样错过也许是最好的结局，错过并不等于失去，更何况自己从来没有得到过，又何谈失去呢？

人的一生总要错过很多，错过之后总会有人在遗憾、后悔，殊不知错过有错过的美丽。也许正是你的错过，才成就了如今的完美。

生活中总有太多的错过，几多忧愁，几多相思。当我们停留在错过的遗憾的不经意间，许多更美好的事物和回忆就可能与我们擦肩而过。如果我们只停留在眼前错过的伤感中，那么我们会错过更多。

人们总喜欢把错过和失去当成是人世间最遗憾的事情，为什么不把错过看作人生最美的邂逅呢？凭着自己对未来的憧憬，告诫自己努力前行，在每一个相思的日子里，在每一个翘首以待的时刻，幸福地过着今生的分分秒秒，这样的错过也是人生一道美丽的风景。这一次的错过也许是下次邂逅的开始，错过并不意味着失去，而是意味着更完美的开始。

用感恩的心对待工作

我们时常会对平淡无味的工作心生埋怨，会为工作中的琐碎繁重而心烦，会因为工作中的小小失误而气馁。可是，如果你能以感恩的心去对待你的工作，便能够从平凡中寻到精彩，从失败中汲取教训，你就会发现，工作历练了我们的能力，精彩了我们的生命，启迪了我们的智慧，它是上天赐予我们最珍贵的礼物。

杰瑞是美国一家麦当劳的一名普通的职员，他每天的工作就是不停地做很多相同的汉堡，没有任何的新意。但是，他依然每天都很快乐，从来都是用满怀善意的微笑来面对他的顾客，几年来一直都是如此。

杰瑞的这种真挚的快乐，感染了他身边每天都垂头丧气、牢骚满腹的同事。有的同事问他，为什么对这样一件毫无乐趣的工作充满了激情？杰瑞说道："我每做出一个汉堡，就能感受到顾客因为它的美味而感到快乐，那我也感受到了我的作品所带给我的成功，那是多么美妙的事情啊。我每天都会感谢上天赐予我如此好的工作。"

因为杰瑞快乐的心情，这家店的生意异常的好，名气也越来越大，最终传到了麦当劳总管的耳朵中，杰瑞因此到了一个高层管理的职位。

在工作中，如果你总是将冤屈、不满和愤怒装于内心，就会成为全世界最为悲惨的人。而如果对你的工作心存感恩，懂得珍惜，那么，你的每一天都将是快乐和充满激情的。就像故事中的杰瑞一样，总是以享受、积极、乐观的心态去对待他的工作，最终成为主动进取、敬业乐群的人。

劳拉是一家汽车修理厂的修理工，从进厂子的第一天起，他就不停地抱怨：修理这活真是太脏了，每天都弄得身上脏兮兮的，而且还领不到高额的薪水，真是太扫兴了。每天，他都在这种不满的情绪中度过，认为自己干的只是奴隶的工作。他每时每刻都在窥视着师傅的眼神与行动，稍有空隙，就会伺机偷懒，对手中的工作只是疲于应付，并且总是期待下班时间能够快点到来。

转眼几年过去了，和他一起进厂的几个工友各自凭自己精湛的手艺，开办了自家的维修厂，还有的被公司送去进修，独有劳拉自己，仍旧做着令他讨厌的修理工作，仍旧沉浸在无法升迁的痛苦之中，碌碌无为地应付每一天。原来，不快乐地应付工作，最大的受害者是自己。

正如余秋雨所言："工作的追求，情感的冲撞，进取的热情，可以隐匿却不可贫乏，可以泻然而不可以清淡。"当一个人以感恩的心态面对工作，就能全身心地融入工作之中，将积极和热情变为自身的一种习惯，便能够获得可喜的业绩，个人的职业生涯也因此会圆满，事业就能有所成就。

如此，你就可以感受到双重的乐趣，工作不仅仅只是一种职业，更成了一种享受。快乐也是一种态度，这种态度可以化枯燥为享受，化琐碎为乐趣，那么，你将会获得无比的快乐，为自己的人生画上绚烂的一笔。

"用感恩的心对待工作"，这不仅仅是一句漂亮话，而是真情的迸发。岗位为你展示了较为广阔的发展空间，工作为你提供了施展才华的平台，为我们的聪明才智找到了萌芽的土壤，我们应该学会感恩，感恩老板给我们提供的工作机会，感谢老板给我们施展才华的舞台，这样，我们就会热情奔放、激情洋溢、满腔热忱地对待我们手头的每一项工作，将会使我们的人生焕发出最为精彩的光芒。

感恩是幸福和快乐的起点

朱子治家格言中有这样一句话：一粥一饭，当思来之不易；半丝半缕，恒念物力维艰。这就是让我们懂得感恩和节俭。时时心怀感恩，能润化和滋养我们的心灵，让我们获得无比的快乐和幸福。知足的人都是懂得感恩的，能够对周围的一切，甚至一花一草、一山一水都心存感恩的人，人生都是丰盈而富足的。

生活中，我们要学会爱，要用千只手去帮助身边那些需要帮助的人；

要学会感恩，要用千只手去报答曾经帮助过自己的父母、朋友、领导及同事。

艾维是 IT 行业的一位程序员，他在一家软件公司干了 8 年，他一直以为自己会在这里干到退休，然后就拿着优厚的退休金颐养天年。然而，出人意料的是，公司因为业绩欠佳而倒闭了。

当时，艾维的第三个儿子刚刚降生，他需要再找一份工作。然而，一个月过去了，他仍旧没找到新的工作，除了能编程序，他一无所长。

终于，有一天，他在报纸上看到一家软件公司要招聘程序员，待遇很好。他就揣着资料，满怀希望地到公司应聘。但是，应聘的人出奇的多。凭着过硬的专业知识，他在第一轮笔试的时候轻松过关了。两天之后的面试，他却因为过于紧张被这家公司拒之门外。

通过这次面试，艾维懂得了一个程序员不仅仅需要过硬的专业知识，还要拥有自信，才能受人欢迎。这次面试，虽然失败，却让他收获颇丰，他觉得自己很有必要给公司写封信，以示感激之情。于是就提笔写道："贵公司花费人力、物力，为我提供了笔试、面试的机会。虽然落聘，但通过应聘使我大长见识，获益颇丰。感谢你们为之付出的劳动，真诚地感谢你们，谢谢！"这是一封与众不同的信，落聘的人没有感到不满，竟然还写来感谢信，真是闻所未闻。这封信被层层上递，最终送到总裁的手中。总裁看了信之后，一言不发，就将它锁进了抽屉中。

三个月之后，在圣诞夜，艾维意外地收到了一封信，打开一看是他之前应聘的那家公司写来的："尊敬的艾维先生，如果您愿意，请与我们一起度过圣诞节。"就这样，艾维被录用了，后来，因为他工作上的出色表现，一直做到了部门主管的职位。

感恩的力量是巨大的，它可以焕发出人性最深层的怜悯之心，让人心生挚爱，开启神奇的力量之门。感恩是幸福和快乐的起点，也是一个人奋进的源泉，因为懂得感恩，所以会惜缘、惜福。时时怀着一颗感恩的心，最大的受益人不是别人，而是自己。就像艾维一样，因为一个小小的感恩举动，却让自己获得了极大的益处。

所以，生活中，我们不仅要懂得感谢给了我们生命的父母，还要感谢给了我们亲情和爱的另一半，感谢曾经教给我们知识的老师，感谢那些曾经给予我们真挚友谊的朋友，感谢那些曾经在我们生命中走过的，或者早已将我们忘记，甚至是欺骗过我们、伤害过我们的人，是他们让我们懂得了疼痛，获得了进步。时时怀有一颗感恩的心，会让我们获得无比的幸福和快乐。

第九章

活在当下：
过去事已过去了，未来不必预思量

　　漫漫人生路共有三天：今天、明天和昨天。真正快乐的人是懂得把握"今天"，懂得珍惜"当下"的人。昨天已经过去，而明天还未到来，今天才是生命中最为真实的。所以，我们无须因悔恨昨天而失去当下的快乐，过去的已经一去不复返了，再怎么悔恨也无济于事；也不必为莫名的忧虑而惶惶不可终日，未来的是可望不可即的，再怎么忧虑也只是空悲伤。当下的心，当下的人和事，却是实实在在的，我们用心去体验和感受，便能抓住永恒的快乐。当然，过去的经验要总结，未来的风险要预防，这才是最有智慧的。

感受当下，你的存在便是一种快乐

石屋禅师说：过去的事情已经过去了，未来不必预思量；只今便道即今句，梅子熟时栀子香。在漫漫人生中，最为重要的不是过去，也不是未来，而是当下。因为此时此刻，我们只能够感受到当下的存在。生命的真正意义在于把握当下的每一寸时光，所以，我们一定要把握当下的幸福和快乐，这样才能让生命变得更为厚重。

有一天，一个长得极为漂亮的女人到一位哲学家的门口说道："哲学家，我好想嫁给你，只要你娶了我，你将会是世界上最为幸福的人。如果你不能娶我的话，你可能再也遇不到像我这么爱你的人了。"

哲学家思量了一番，说道："让我考虑一下吧！"

从此之后，哲学家就用他的哲学思维方式来衡量结婚与不结婚的好处。几年之后，他发现结婚和不结婚的利弊差不多相等，于是，就决定尝试一下自己没有走过的路。

他就找到了那个女的家，推开了门，看到女孩的父亲静静地坐在屋子中。他便忐忑不安地对女孩的父亲说道："我想好了，我要娶你的女儿为妻。"

女孩的父亲看着眼前的哲学家说道："你已经来晚了，她如今已经是三个月孩子的母亲了。"

不久之后，这位哲学家就在抑郁中死去了。临死之前，他毁掉了生前所有的哲学著作，最终只留下了两句话：前半生不要犹豫，后半生不要后悔！

很多时候，我们确实因为犹豫而失去很多机会，包括生活、事业、情感等诸多的方面和事物。我们会在不经意间，错过自己一生中极为重要的人和事，从而失去了永久的快乐和幸福。所以，无论在任何时候，我们都不能太过犹豫，这样才能让生命变得厚重，才不至于让我们失去当下的快乐。

所以，要获得永久的快乐和幸福，一定要珍惜我们眼前的人、身边的事、此刻的心情。不为过去悲伤，不喜未来，全心全意地去关注眼前的人和身边的事，还有那些令我们心动的每一个瞬间。

从现在开始，我们要学会"活在当下"。如果你爱上或正爱着某个人，那么赶快去表白吧，也许明天她就要嫁人了；如果你想念家人，那就赶快回家陪陪他们吧，因为等你有时间的时候，他们有可能已经不在了；如果你现在想行善助人，那就赶快行动吧，明天就有可能会忘记这个念头了……

你要记住，没有人可以回到过去，所以历史无法改变；也没有人可以穿越到未来，所以未来是无法预知的；我们能够把握的唯有当下。此时此地，此情此景，当你把所有的智慧都融入当下的生活中的时候，真真实实地感受到生命的存在的时候，你的存在就是一和十足的快乐和幸福。

当下拥有的，就是你的幸福

别把目光停留在无意义的空想之中，你当下所拥有的，就是你的幸福。只有活在当下，才能感受到真正的幸福。所以，生活中，我们无须为失去的东西而懊悔，也不必为得不到的东西而遗憾，只有珍惜当下所拥有的一切才是最为重要的。

一座寺院门前的横梁上面结了一片蜘蛛网，因为受到香火的熏陶和佛教信徒虔诚的祭拜，网上的蜘蛛就有了佛性。五百年之后，蜘蛛的佛性就大大地增加了。

这一天，佛陀光临了这座寺庙，趁着香火兴旺的时候，就问蜘蛛："我们今天相见算是有缘了，看你在此修炼了五百多年，对人生有什么感悟呢？"

蜘蛛说道："人生最为值得珍惜的东西是'得不到'和'已失去'"。佛陀听罢，便摇摇头离开了。

时间一天天过去，这只蜘蛛又在寺庙的横梁上面修炼了五百年，它的佛性又大大地增加了。就在这一天，佛陀又一次来到寺院中问蜘蛛："你又在此修炼了五百年，对人生还有什么更深层次的感悟呢？"

蜘蛛仍旧说道："人世间最珍贵的是'得不到'和'已失去'。"佛陀摇了摇头就离开了，并且对蜘蛛说道："你的佛性没有进步，也没有达到理想的境界，我以后还会过来找你的。"

又过了五百年，这一天，寺院中刮起了一阵大风，风将一滴甘露吹到了蜘蛛身上。蜘蛛望着甘露，见它晶莹剔透，很是漂亮，顿生喜爱之情。蜘蛛看着甘露觉得自己获得了从未有过的快乐。

这一天，又刮起了一阵大风，不料大风将这滴甘露吹得不见踪影了。

少了甘露的日子，蜘蛛感到无聊极了。看到蜘蛛难过的样子，佛陀就问蜘蛛："世间最为珍贵的是什么？"这时候的蜘蛛想到了甘露，就对佛陀说道："世间最为珍贵的是'得不到'和'已失去'。"佛陀说道："你的悟性还没能得到升华，跟我到人间走一趟吧！"

就这样，佛陀让蜘蛛投胎到一个官宦人家，成为一个美丽的富家小姐，名唤"珠儿"。这一天，新科状元甘鹿中第，皇帝决定在御花园为他举行庆功宴会。当时，迎来了许多妙龄少女，其中就有珠儿。席间甘鹿表演诗词歌赋，大献才艺，在席的所有姑娘都为他的英俊和才气倾倒。然而珠儿却知道，这就是佛陀赐予她这一生的姻缘。

几天过后，佛陀安排他们在寺院中见面。珠儿就与甘鹿在寺外聊了起来。那天，珠儿很是开心，她终于找到自己心仪的人了。然而，甘鹿却并没有表现出丝毫的爱慕之情。珠儿向甘鹿说起了寺庙中的事情。甘鹿感到十分惊奇，就说道："珠儿姑娘，你的想象力太过丰富了吧。"说完之后就离开了。

又过了几天，皇帝下了命令，命令甘鹿与长风公主结婚，而将珠儿赐给了芝草太子。这一消息对于珠儿来说犹如晴天霹雳，她怎么也没想到，佛陀竟然这样对她。她不吃也不喝，几天之后，奄奄一息。太子知道了实情后，就对珠儿说道："那天我在御花园中对你一见钟情，于是就苦苦哀求父王把你赐给我。如果你离开了，我活着将无任何意义。"说着，就拿起宝剑准备自刎。

也就是在此刻，佛陀出现了，对奄奄一息的珠儿说道："你可曾想过，甘露（甘鹿）是风（长风公主）带来的，最后也是风将它带走的。甘鹿是属于长风公主的，他对你不过是生命中的一段插曲。而太子芝草是当年寺庙门前的一棵小草，他看了你一千五百年，喜欢了你一千五百年，可是你从来没有低下头来看他一眼。

"蜘蛛，我再问你，世间最为珍贵的是什么？"佛陀又将一千五百年前的话题问她。蜘蛛经历了人间的大喜大悲后，终于一下子大彻大悟了，就对佛陀说："世间最珍贵的不是'得不到'和'已失去'，而是当下的幸福。"最终，她放下"执念"，与太子过上了幸福的生活。

现实生活中，很多人之所以感受不到幸福，是因为不懂得珍惜自己所拥有的，总想着"已失去"和"得不到"，忽视了我们当下所拥有的。殊不知，你本身所拥有的才是你真正能够把握住的，只有认真地享受当下所拥有的，才能够感受到最为真实的幸福。

幸福是一种感觉，它就在此刻，只有能够抓紧"此刻"的人，懂得珍惜自身所拥有的人，才能够享受到生命永恒的快乐。

　　"今朝有酒今朝醉，明日忧来明日愁"就是告诉我们，要活在当下，不要提前预支明天的烦恼。《圣经》里也有类似的一句话：不要为明天而忧虑，明天有明天的忧虑，一天的难处一天当就够了！然而，现实生活中，很多人还是经常会为未来还未发生的事情而烦恼和担忧。其实，这些烦恼和担忧都是多余的，它们并非真的会发生。

　　美国作家布莱克伍德在一篇名为《99％的烦恼其实不会发生》的文章中，写了他本人的一段亲身经历。

　　布莱克伍德在他四十多岁的时候，因为战争的原因，所有的事情几乎把他烦透了。他所创办的商业学校，因为当地的男孩子入伍，面临着极为严重的财务危机；而他的儿子则在军校中服役，生死未卜；当地政府要征收土地建造农场，而他的房子正好在被征收的土地之上，他拿到的赔偿金也仅仅是他房子市价的十分之一；他的大女儿因为提前一年毕业，上大学需要一笔费用，而这笔钱完全还没有筹到。布莱克伍德正坐在办公室里为这些事情烦恼，便随手拿了一张便条把诸多烦恼写了下来，冥思苦想应对所有事情的对策，但是没能想出更好的解决办法。最终，他就将这张纸条放进了抽屉之中。

　　一个月又一个月过去了，布莱克伍德自己根本已经不记得自己写过这张便条。一年之后的一天，他在整理自己的资料时，无意中就发现了这张纸条。他一边看，一边淡然地笑了笑，觉得很有趣，因为他当初担忧的那些事情都没有真正地发生过。

　　他刚开始担心商业学校无法办下去，可政府却拨款培训退役军人，他的学校很快就招满了学生；他曾经担心自己的儿子在战争中受伤，但是最终儿子却毫发无损地回来了；他担心土地被征收去建农场，但是后来却因为住房附近发现了油田，他的房子完全没有被征收；他担心长女的教育经费凑不齐，但是他却找到了一份兼职稽查工作，解决了这个难题。

　　最后，布莱克伍德得出了这样的结论：其实，生活中，你所担心的事情，99％都是不会发生的，人生总为了一些不会发生的事情去烦恼，让精神饱受煎熬，真是一大悲哀！

俗话说：车到山前必有路，船到桥头自然直。许多烦心和忧愁都是自己给自己绑的绳索，是对自己心力的无端耗费，这就如同自我设置的虚拟的精神陷阱。怀着忧愁度过每一天，设想自己可能遇到的麻烦，只会徒增烦恼。实际上，等烦恼真的来了，再去考虑也为时不晚。

漫漫人生道路上，今天就如同一座独木桥，只能够承载今天的重量，假如你再添加明天的重量，生活必定会轰然倒塌。所以，千万不要想太多未来的事情，不要顾虑太多，只要好好地享受、欣赏现在的生活就行了。活着的本分就是好好地度过今天，当事情还未发生的时候，我们根本无须担忧，就算事情真的发生了，也可能会因为一些其他的事情而改变，使事情向着好的方向发展。

用行动充实每一个"今天"

行动是驱散心魔的最佳良药。生活中，当我们受诸事煎熬的时候，要学会好好地利用当下的时光，将所有的"行动"都付诸"今天"，忧虑自然就烟消云散了。

一位近70岁的老妇人，正值花甲之年，应该是享清福的时候，然而，她却遭受了平生最大的苦难。丈夫突然去世，让她精神饱受折磨。当她沉浸在丧夫之痛中时，接下来的打击更是让她的精神几近崩溃。首先是她的几个子女为遗产继承问题闹得不可开交，而且相互之间大打出手。接着便是丈夫生前所经营的公司倒闭，欠下了一大笔债务。为了还债，她只能卖掉家中所有值钱的东西。这一系列的不幸，让她每天都郁郁寡欢，她不知道自己以后怎么走下去。

她每天都自言自语道："我已经近 70 岁了，我已经近 70 岁了！"每个人都清楚，她是在为自己的未来担心。为了生活，她必须到外面找一份工作，但是当这个念头冒出来的时候，她自己都震惊了，哪里会雇佣一位老妇人呢？即便有人愿意，一位近 70 岁的老妇人能干些什么呢？年纪这么大了，谁愿意相信她并且给她一份工作呢？

她每天都担心别人嫌她太老，担心因为动作迟缓而不愿意雇佣她……这一系列的担忧，让她每天茶饭不思，多数时候还会怀念丈夫在世的岁月。因为怀念而生悲痛，让她痛不欲生，久而久之，贫穷、疾病和孤独等等都全部被请进了大门。

她只好住进医院，医生了解到她的情况之后，就对她说："你的病症是因心而生，需要长时间的住院治疗才成。但是，你又没有多少钱，我看这样吧，从现在开始，你可以选择在医院做临时工，以赚取一些医疗费用。"

她就问道："我能够做什么呢？"医生说道："你就每天打扫病人的房间吧！"

于是，她就开始手握扫帚，每天都不停地忙碌。慢慢地，她内心就恢复了平静。反正没有比这个更好的活法了，而且就自己目前的状况来说，别无选择。她开始不停地忙碌起来，每踏进一间病房，就目睹一次他人的病痛与折磨，心也就豁亮一次。因为她觉得自己是所有病人当中情况最好的。慢慢地，她也无须担心什么了，因为实在太过忙碌了。对于她来说，烦恼和担心反而成为了一种奢侈，因为那是闲暇时间才会发生的事情。

就这样，她用一个月的时间彻底驱散了心理和生理的病魔。接下来，她最急需解决的就是贫穷问题。为此，当医院让她"出院"时，她又一度陷入焦虑之中，她不知道自己出去还能干什么。于是，她诚心地说服医院让她留了下来。她就在医院保洁员的岗位上又待了三年时间。因为经常接触病人，她对病人的心理很是了解。三年以后，她就被院方聘请为护理人员。心魔、病魔、孤独彻底离她而去，贫穷也开始向她挥手告别。她没想到自己在垂暮之年，还能再次散发光亮。

"一定要珍惜现在，一定要活出精彩的人生。"这是我们经常对孩子说的话，可我们自己却很难做到。所以，很有必要用故事中"昨天的痛，已经承受过了，有必要反复去兑现吗？明天的痛，尚未到来，有必要提前去结算吗？"这句话来时刻提醒我们，时刻用行动去解除内心的种种忧虑，过好眼前的每一个"今天"。

如果你还在为未来不确定的事情而担忧，那么，就赶快行动起来吧！只有让自己切实地行动起来，才能让内心获得平静和充实，才能让自己把握机会，看到更为光明的未来。

我们还要记住：忧虑就是放弃现在，放弃今天，为了虚妄的过去与缥缈的未来牺牲掉现在的时光，不仅会让你失去了当下的快乐，也会使你永远地失去快乐。明天是建立在今天的基石之上，失去了今天，只会让明天的房子坍塌得更快。到那个时候，你又会为没有做好准备而懊悔，千万别让自己陷入这种糟糕的恶性循环之中。

别让焦虑毁了你的生活

现代社会中，我们的心会不知不觉地陷入焦虑之中。为当下焦虑，因为害怕失去；为未来焦虑，因为未来充满了不确定性。我们担心失去，害怕损失。尤其是在当我们意识到自己有可能会失去，而且对即将失去一切无计可施的时候，焦虑的程度会大大地增加。其实，你的焦虑不能解决任何问题，是徒劳的。如果你时不时地会焦虑，那就赶快转变心态，千万别让焦虑毁了你的生活。

在遥远的撒哈拉沙漠中有一种特殊的灰色的沙鼠，与其他鼠类不同的是，它有一个特殊的习惯。每当沙漠的旱季来临的时候，它们都要到各处去采集大量的草根囤积起来，这样能使自己在干旱的季节中可以更好地生存下来。但是，让人感到奇怪的是，哪怕自己所囤积的草根早已经足够度过旱季了，沙鼠们还是会不停地寻找草根，并将它们运回到自己的洞穴中。对它们来讲，好像只有这样，才能让自己踏实下来。否则，沙鼠们就会处于极度焦躁的情绪之中，会不停地嗷嗷大叫。

后来，研究人员发现，这种沙鼠进行大量的草根囤积是因为内在的遗传基因所造成的，也是沙鼠本身的一种担心所导致的。在这种焦虑情绪的影响下，它们就会使自己所囤积的草根多于实际需求量的几倍，甚至几十倍。事实证明，沙鼠这种多余的劳动往往是毫无意义的，这些草根往往是在旱季过去之后还剩下许多。

众所周知，当代医学界所用的实验老鼠就是小白鼠，后来，有人提出要用这种沙鼠来代替小白鼠进行医学实验。因为沙鼠的个头比小白鼠更大一些，更能够准确地反映出所测药物的特性。但是几乎所有用沙鼠做过实验的医学研究人员都认为，沙鼠并不适用，因为它们一到笼子中就会变得十分不安。尽管它们整天都可以过得非常舒服，但是沙鼠还是一个接一个地死去了。医生们也发现，这主要是因为沙鼠无法囤积草根而引发的极度焦虑导致了死亡。其实，它们的死亡并非在于外界环境的变化，而是它们内心的焦虑所致。

当下有些人的生存状态类似于沙鼠，总是会被莫名的焦虑困扰，总是会莫名地感到不安，这些不安往往源于对未来的担忧。总是在不停地为还未发生的事情而发愁、焦虑，总是为了自己将来会走向何方而焦虑重重……如果，你正处于这样的状态，一定要学着改变，调适心态。要明白，焦虑是导致人类寿命缩短的最大因素之一，因为焦虑往往与抑郁、紧张、惊恐等各种伤害身心的负面情绪紧紧相连。而这些负面情绪对人类的伤害要远远地超过那些实际性的疾病。医学上的种种事实也证明，很多实际性的疾病都是因为人类的焦虑和紧张所引发的。

总之，焦虑实在是庸人自扰的一种负面情绪，也许，这种举动在某些时候可以让我们对不顺的现实产生一种抵抗力，但是毕竟可以安然面对这种焦虑而不为所动的人少之又少。为此，面对焦虑时，我们一定要学会以正确的方式调节这种负面情绪，让自己的心情向好的一面转弯。

生命的意义在于过程，而不在结果

生命的意义在于"过程"，而不在"结果"，每一个"过程"组成了一个完整的生命。所以，我们要想让生命变得更为厚重、更为充实，就要珍惜生命中的每一个"刹那"。要知道，每个生命终有逝去的那一天，对逝去的人来说，你所追求的一切结果都显得极为空虚。什么名利、财富、博学等，这些被人称为"目的"的东西都会随着人的逝去而不复存在，都将转化为虚无。所以，我们在任何时候，都不能被生命中的任何"目的"牵着走，好好享受过程，抛却虚无的忧虑、担心，这样才能欣赏到人生最为美好的过程。

有这样一个故事。

有一对父子，他们每年都会把自家的粮食用牛车运到附近的城镇中去卖。儿子是个性子极为急躁的人，父亲性格极为和缓，总是认为凡事根本不必着急，慢一些完全可以享受过程的快乐。

这一天清晨，父子俩又一次赶着牛车到镇上去卖粮食和蔬菜。儿子很是着急，不停地用鞭子鞭打拉车的牛，想走快一些，尽快赶到集市上把粮食和蔬菜卖掉。而老人则在路上不停地这样说："放松点，儿子。这样你会活得更为长久一些。"然而，儿子却丝毫听不进去，坚持一定要走快一些，想在天黑之前赶到集市中卖掉粮食和蔬菜。

眼看着快到中午了，父子俩来到一间小屋前，父亲说他与屋中的人很熟悉，想进去打个招呼。然而，儿子却等不及，他不停地催促着父亲赶路。但是父亲却坚持要与好久不见的熟人聊一会儿，儿子很生气，但是父亲却与熟人聊得很开心。

再一次上路了，父子俩走到了一个岔路口。儿子想，应该走左边近一些的道路，父亲却说："右边的路上有很漂亮的风景，边走路边欣赏风景不是件惬意的事情吗？"

最终，儿子还是执拗不过父亲，就走上了右边的道路，但是儿子却对路边绿油油的牧草地、漂亮的野花和清澈的河流视而不见。而父亲则充满了喜悦。

最终，他们没能在傍晚前赶到集市之中，只好在一个非常漂亮的大花园中过夜。父亲睡在路边很是惬意，不久，便鼾声大起。但是儿子却焦虑万分，对明天是否能赶到集市而担心、焦虑。

第二天一大早，在路边，父亲又不惜花费时间去帮助路边一位农民将陷入沟中的牛车拉出来。但是儿子却十分生气。他一直认为父亲对路边的风景比赚钱更为感兴趣，但是父亲还是不停地说："还是放松一些吧，这样你才可以活得更为精彩。"

到下午的时候，他们经过一座山，俯视着山下城镇中的美景，许久，两个人都一言不发。最终，儿子将手搭在老人的肩上说道："爸，我终于明白您的意思，体会到生命的真正意义了。"

生命的意义在于过程，而不在结果，无论我们走得多快，也无法赶上你正在寻找的东西，因为它永远在前面的时间的激流之中，所以，我们根本无须刻意去追寻，顺其自然，安然从容地走路，以恬淡与闲适的心境，以及不为压力所动的气度来面对生命中的每一天。这样才能活得惬意，体会出生命的真滋味。

生活中，很多时候，我们与上述事例中的青年一样，不断地在人生的道路上为了一个个"目标"奔跑，不断地奔着下一个目标奋进，于是，我们的生活就很容易被忙碌和疲惫占满，心中只剩下这个目标，当我们猛然回头的时候，却发现生命中一个个美妙的过程已经被我们白白地浪费掉了。

生命的乐趣在于享受"此刻"

生命就是一次长期的旅行，它的内涵和意义永远在行走的过程中，在于享受每一个"此刻"，仔细聆听和体会生命的每一个过程，让生命长期处于恬淡闲适的状态之中，而不单纯为了达到某些"目的"而活着。

一位杂志社记者经常到异国去采访当地的风土人情。每次采访，他都因为想早些完成任务，就急于求成，总是无视路途中的艰难困苦，只是忙于埋头向前赶路。有的时候，漫漫长途，每个行程都会令他精疲力竭。

有一次，他又到一个贫穷国家的山村去做采访，眼看就要到目的地了，就停下来深深地松了一口气。就在他心情惬意的同时，他感到了自己鞋子中的那颗小石子，已经把脚磨得疼痛不堪。

其实，他很早就感受到这颗小石子在磨脚了，但是他为了磨炼自身的意志，始终都忍受着磨脚的痛苦。直到到达目的地的时候，他才停下急切的脚步，心想：既然目的地已经快到达了，不如停下来坐在山路旁边的石头上将鞋中的石子倒出来再向前走吧，同时也可以让自己放松一下。

然而，就在这位记者低头弯腰脱鞋的时候，眼睛不自觉地瞄向了路边的湖光山色，他发现沿途的风景竟然是如此的美丽。当下，他猛然醒悟：自己这一路走过来，太过匆忙，心中总是想着如何尽快到达目的地，根本没有留意周围的怡人美景。

最终，这位记者将鞋子脱下来，取出那颗小石子握在手中，感叹道："小石子啊，真是想不到，这一路走来，你不断地刺痛我的脚掌心，原来你也是在提醒我，慢点儿走，一定要关注生命中一切美好的事物啊！"

生命的乐趣在于享受每一个"此刻"，最美的风景永远在路上。所以，生活中，我们一定要及时停下忙碌的脚步，去认真地体会和观赏生命中最为美妙的风景与最为精彩的部分，这是获得惬意人生的极为重要的方法。

在《士兵突击》中，许三多没有远大的目标，只是努力地专注于手头上的事情，却从中获得了无穷的乐趣，最终进入了老 A 部队。而成才只因为活在"结果"中，总是强求自己拿第一，最终却栽了大跟头。要知道，我们的生命并非是一场马拉松比赛，不一定非要去争第一，一切都要顺其自然，这样才能在轻松和愉快中体味生命的真滋味，才能让人生更为精彩。

活着的乐趣，并非在于不断地忙碌和奔跑，而是在于享受闲谈时刻的一杯清茶，在于静静地坐在阳光下读一本书，在于清晨醒来后到窗外的草地上呼吸一口新鲜的空气，在于给自己泡一杯清茶，在于听一段优美的音乐，或者给爱人一个深情的吻，陪着父母聊一些家常事，或者一家人共同出去旅行，这才能够让心灵获得极大的放松，才能够体会和感受到更多的精彩和快乐。

和过去说声"再见"

漫漫人生旅途，世事未必都能尽如人意，有欣喜，当然也有黯然，有让人欢笑喜悦的时刻，也有让人沮丧而泣的时刻。然而，所有的一切不过是过眼云烟，终不能够永远地定格在生命之中。

很多时候，人之所以会停滞不前，就是让"昨天"和"过去"的杂念包裹了自己，有执着恋旧之心，便会痛苦、怨恨和嗔怒，会变得很不甘心。

巴西足球队是世界上颇具实力的球队，在1954年的世界杯足球赛开始前，巴西的男女老少都认为自己国家的球队能够荣获世界杯赛的冠军。然而，天有不测风云。在半决赛的时候，巴西队却意外地输给了法国队，结果没能捧得金灿灿的奖杯。

所有的球员心里明白，足球是巴西的国魂，他们懊悔至极，感到无脸去见家乡的父老乡亲。他们明白，球迷们的辱骂、嘲笑和扔汽水瓶子都是难以避免的。

飞机进入巴西领空之后，球员们的内心更是感到不安，可是，当飞机降落在机场的时候，映入他们眼帘的却是另一番景象。巴西总统与两万多名球迷默默地站在机场前，人群中打出一道醒目的横幅：所有的一切都已经成为永久的过往，要敢于和过去说"再见"。看到这行字，球员们顿时泪流满面，原本低垂的头全部都昂了起来。

4年之后，巴西足球队不负众望赢得了世界杯冠军。在回国的时候，有16架喷气式战斗机为之护航。而当飞机降落在道加勒机场之时，所有聚集在机场上的欢迎者多达几万人。在从机场到墨西哥中心广场将近20公里的道路两旁，自动聚集起了 100 万人，场面很是壮观。

然而，人群中又一次出现了 4 年前的那道横幅：所有的一切都已经成为永久的过往，要敢于和过去说"再见"。

所有球员们高高扬起的头全部低了下来。

人的一生是一次漫长的旅行，眼前所有的事情在时间的长河中都会显得极为渺小，真正值得你去做的不是缅怀往事，而是重新开始继续创造你的未来，这才是最有意义的。

多数人都是喜欢缅怀过去，并将之视为一种睿智的生活态度。其实不然，活在过去，只会让你错失当下。就如"八仙"中的张果老倒骑毛驴一般，它以一种幽默的行走状态，成为这种观念的"形象大使"。

在漫漫人生征途中，一定要记得扬起头与过去挥手告别。

不要让过去的仇恨折磨当下的自己

"仇恨"是一座牢笼，心中装着它，会囚禁你的整个人生。的确，"仇恨"是一种阴影、一种难堪、一种痛苦。以一颗平和之心对待他人，生活一定会轻松。人生短短数十年，千万不要让仇恨囚禁了自己。

心中装着仇恨这粒种子上路，用昨天的土壤来培养今天仇恨的种子，而一旦这粒种子变得强大的时候，它不仅会危害到当下的自己，甚至还会毁了你的一生。

生命太过短暂，容不得我们为了一些外物和解不开的死结而毁灭掉自己匆匆而逝的年华，破坏原本存在的平静。其实，只要你静下心来想想，过去的仇恨没有什么大不了，过去的毕竟过去了，再纠结、再痛苦也永远无法挽回了。只有选择及时忘记，才能弥补已经失去的，才会迎来如夏花般绚烂的明天。

要知道，没有谁与谁是天生的仇人，只不过因为某件事情发生了矛盾和摩擦而已，其实完全可以大度地抛弃这些不值得再用生命去支付的痛苦。否则，只会让自己痛苦一辈子，后悔一辈子，让生命永远得不到解脱。

有一位叫海格利斯的英雄，力大无穷，没有人能够比得过他。为此，他总是踌躇满志，总是春风得意。

有一次，海格利斯在一条极为狭窄、坎坷不平的道路上行走，突然，一个趔趄，他差一点儿被什么东西绊倒。他定睛一看，发现路的中间正好横躺着一个袋子似的东西。海格利斯马上生气了，狠狠地向着那个东西踢了一脚。谁知，那个东西不但待在原地纹丝不动，而且还气鼓鼓地膨胀了起来。

这下，海格利斯更加生气了，奋力地挥起拳头又朝它狠狠地一击，但是那个东西却依然如故，同时又迅速地胀大着。海格利斯暴跳如雷，快速地拾起一根木棒狠狠地向它砸个不停，但是，这个东西却越胀越大，最终将整个山道都堵得严严实实。海格利斯气急败坏，又无可奈何，累得躺在地上，气喘吁吁。不一会儿，山中就走来了一位老人。

海格利斯对老人说："这个东西真是可恶至极，存心与我过不去，将我的去路堵得死死的。"

老人听罢，看看他的脚下，淡淡一笑，平静地说："朋友，这个东西叫'仇恨袋'。当初，如果你不去理会它，或者干脆就绕开它，它就不会与你过不去了。你的心中总是记着它，它就会不断地膨胀，就会挡住你的去路，专门与你作对！"

其实，生活无意与我们作对，我们生气、痛苦、难过，是因为我们的肩上总是扛着"仇恨袋"，那么，我们的生活就会如负重登山，举步维艰，最终，会阻碍了我们当下前进的步伐。

因仇恨而引发的消极情绪带给我们的得与失，比起物质上的得与失更加致命，这些失去是最为昂贵的，是我们永远也支付不起的。既然如此，为何不能忘记过去的一切恩怨，重新开始自己的生活，非要选择在回不去的记忆中再次经受仇恨和感伤，使自己的心灵倍受折磨呢？只要你及时放下仇恨，就能让自己的生活少一些障碍，多一些快乐和幸福。

抓住现在，敢于与昨天的痛苦决裂

人生中的不幸在所难免，如何去看待人生遇到的各种不幸呢？潜能激励大师安东尼·罗宾给我们提出了忠告，将苦恼、焦虑、不幸以及痛苦等所有妨碍我们快乐的一切统统都忘掉。

如果你遇到了不幸，可以抬起头，严肃地对自己说："这本身没有什么了不起，它不可能打败我。"然后，你就要不断地重复使人愉快高兴的话："这一次都将成为永久的过往，抓住现在才是最为主要的。"

凯西原本生活在一个富足而幸福的家庭里。可是，突然袭来的重击，使他的欢笑不复存在。因为他遭受了一场飞来横祸。

毕业之后，凯西与朋友一起创业，将自己几年来攒下来的钱全部投入进去，原本雄心壮志的他想，如此好的一个开始，一定会有一个好的前程的。然而，天不遂人愿，当他满怀信心地继续前行时，手头上所有的资金却被他一直信赖的朋友夺走了。那时候的他还很年轻，还有很多东山再起的机会。然而他却一直被上当受骗的记忆折磨着，再也跨不出前进的一步。从此，再也没能激发出他对生活的渴望，庸庸碌碌地活着，看似上了一次当，实则一生都上了当。

如果凯西能及时忘掉过去，敢于与过去的痛苦决裂，那么，未来的曙光就会属于他。因为年轻是没有失败的，痛苦也只是暂时的，更何况，只是在懵懂的年纪被无辜地伤害了一次呢？

及时忘记，可以让自己彻底地从痛苦之中解脱。忘记过去固然是一件极为痛苦的事情，但是，如果你因为过去的不幸而损害了你当下存在的意义，那就是在损害自己。如果不懂得忘记，让过去的伤心事、烦恼事、痛苦事永远萦绕心头，刻在心里，那就等于让生命背上了沉重的包袱，给人生套上了无形的枷锁，会让你痛苦不堪。痛苦和记忆要舍弃固然是沉重的，但是远比一直被它折磨拖累着要轻松得多。

如果你被不愉快的过往折磨着，那你就要学会自救。因为经历的人是你，没有人能够将你救出，除了你自己。只有你自己清楚哪里最痛，哪里需要止痛安抚，或许你能够获得他人的帮助，但是关键还在于你要自己跳出火坑。学会及时忘记该忘记的，那我们就能够获得精神的愉悦与心灵的轻松。

面对曾经的不幸，一定要懂得宽恕自己，这是最难对付的人生挑战。其实，很多时候，宽恕自己比宽恕他人要难得多。没有一种惩罚比自责更为痛苦和难受的了。

无物有价值，未来不值得你忧虑

除了生死，世间没有值得人去忧虑的事情。世间万物不过是过眼云烟，我们无须为任何无价值的东西去忧虑，只有活在当下，寻求当下的快乐才是生命永恒的真谛。然而，生活中，很多人都不懂得这个道理，整日让无谓的忧虑缠绕内心。

生活中，我们也可能有类似的经历。夜深人静的时候，心中缠绕着无尽的忧虑，似乎全世界的重担都压在自己的身上。如何才能够找到一份好的工作？如何才能在单位升职？做什么生意才能赚到更多的钱？如何才能让孩子成绩更好一些？一连串的烦恼、难题与未来要做的事情不停地在头脑中翻腾，你可能意识到，真到该休息的时候了。然而，新的问题再一次袭来，明天该穿哪件衣服上班？明天如何送孩子去上学？所有的担心又来了，你仿佛永远无法入睡了。

这个时候，你只需深吸一口气，闭上眼睛，慢慢地获得内心的平静。你的内心淡定了，灵魂就会获得无比的自由。

这里需要注意的是，我们说不要为未来担忧，并不是说要我们全然地放弃未来的计划。我们一定要分清楚内心空愁与计划的区别。计划是对未来的一种规划，是未来的行动指南，十分有助于你实现未来的理想；而忧虑则是你对未来可能会发生的事情的一种空愁，它不仅不会改变任何事实，而且是在白白地浪费时光。为此，我们一定要尽力地摒除它。

最后，我们一定要记住：荣华似梦，所有的一切都是虚空的，世界上绝对没有值得你担忧的事情。你当然可以让你的生命在每天不断的忧虑中度过，但是，你要明白，无论你如何焦虑、如何担心，根本无法改变事实！

只有好好把握现在，才能期待未来

朱自清在《匆匆》一文中说："燕子去了，有再来的时候；杨柳枯了，有再青的时候；桃花谢了，有再开的时候。但是，聪明的你告诉我，我们的日子为什么一去不复返呢？"这道出了他对时光流逝一去不复返的感慨，同时也给了我们一个提示，时光如流水，过去了，便永远不会再回来了，我们要懂得珍惜当下的这一刻，否则，你会失去更多。

一个年轻人问智者："人的生命中，什么时候才是最为重要的呢？是生日还是死日，是大学毕业真正走进社会的那一天，还是事业有成的那一天呢？"

智者笑了笑，回答道："这些都不是生命中最重要的一天，生命中最重要的一天就是今天。"

年轻人很是困惑，问道："今天发生了什么重大的事情吗？"

"今天什么事也没有发生。"

"是不是因为今天我的来访？"

"即使今天没有任何来访者。今天也仍然重要，因为过了今天就不会再有了，它就会像沉船一样沉入海底了；明天不论多么地灿烂辉煌，它都还没有到来；而今天不论多么平常、多么暗淡，它就在我们的手里。如果我们连在手里的东西都不珍惜的话，又能珍惜什么呢？"

年轻人还想问，智者收住话："在跟你谈论生命中哪一天最重要的时候，已经浪费了我们的'今天'，我们拥有的'今天'已经减少了许多。"

年轻人若有所思地点点头，一切都明白了。

真正珍惜生命的人，会把握住当下的每一分每一秒，并且用心体验此刻正在发生的事情，用心体验这一刻所拥有的感情，才能抓住生命的永恒。生活中，多数人总是想把快乐寄托于未来，总认为自己拥有了想要的一切，就会快乐，殊不知，永恒的快乐就是当下的快乐。快乐不是来自我们几年、几月、几天的等待，而是来自于此刻的满足。很多人都将希望寄托于明天，殊不知，连今天都无法把握的人，势必会一事无成。只有那些懂得如何利用"今天"的人，才能够在"今天"筑起成功事业的奠基石，才能够孕育出明天的希望。

生活中，很多人面对当下的事情，总是等待"明天"或者"将来"，那不过只是在工作上为自己找的借口而已，是极为典型的拖延，而拖延是最具破坏性和最为危险的恶习，它会使你丧失积极主动的进取心。更为可悲的是，拖延的恶习也有积累性，唯一的解决良方就是立即投入在当下，做好手头的事情。

要知道，时间不会为任何人停留，要让自己的未来变得更为真实，活得更为充实，不留遗憾，就一定要把握当下的每一个"瞬间"。

把握好每一个"瞬间"并不是难事。只要做好今天的事情就可以，不必担忧明天或者后天的事情，只要珍惜此刻的时光。当你玩的时候，要尽情地玩乐，忘却所有的烦恼和不快；当你爱上一个人的时候，就要全然地去爱，不要计较对方的过去，也不要计较无谓的琐事，只要全身心投入就好了；当你有一个理想的时候，就要立即去行动，不要让理想在等待中搁浅。从此之后，我们要认真地对待身边的每一个人，别让自己徒留"为时已晚"的遗憾。逝者不可追，来者犹可待，就算有一天你的容颜已经老去，韶华不在，也依然要学会在"此刻"恬淡地微笑，并且对过往的一切说"不后悔"！

沿途的风景，我们要学会边走边忘

生命是一次漫长的旅行，沿途的风景是多姿多彩的，总有一些美好的景致，会让我们流连忘返，难以忘怀，以至于我们在以后的岁月中一遍遍地咀嚼，一遍遍地回味，错失了当下的快乐和美好。所以，沿途的风景，我们一定要学会边走边忘，这样才能让自己好好地把握"此刻"，把握"当下"，才能体味到生命更多的色彩。

贾梅最近总是爱发呆，她总是会莫名地沉浸在过去的时光中。从北京到美国，贾梅经历了许多事情，却总是无法忘记家乡的一切。如今的她即

214

便已经定居美国，有了丈夫，有了孩子，她还是经常沉浸在过往美好的岁月之中。

有一次，贾梅在逛街的时候看到家乡的一种小吃，就买了很多，回到家之后，边吃边流泪。事后，她总是向丈夫不停地抱怨，什么时候才能回到家乡啊。

其实，贾梅自己心里也很清楚，如今的她已经完全在美国扎根了，孩子刚刚上幼儿园，丈夫在这里已经有了自己的事业，想要回家乡重新生活，并不是件容易的事情。

每当遇到熟悉的人，贾梅总会唠唠叨叨地向周围的人讲述自己家乡的一切，以及自己小时候的经历。刚开始，周围的人听了很是新鲜，对她的思乡之情深感理解，但是时间一长，却让人感到极不自在，甚至还会让人感到反感。

贾梅的这种行为引起了丈夫的关注。看到妻子在怀旧情结中越陷越深，丈夫急忙将她送进了医院。在医院一检查才知道，原来因为过于怀念家乡，贾梅的心智已经出现问题，不得已，只好被迫住院治疗，直到一年多后才有好转。

正是因为过分留恋过去，才使得贾梅无法享受到当下的幸福和快乐。怀念和留恋过去的美好固然是可以的，但是一定要掌握度。正如我们常说："过去的便过去了，无须想那么多，只有把握好当下，才能获得永恒的快乐。"

事实上，每个人的一生都有着许多美好的回忆，这些都是我们怀旧的对象。但是，这些东西也很容易让人产生依赖，产生迷恋，甚至会让自己无法自拔，变得疯狂、忧郁、苦不堪言。

生命和生活都不会停留在过去，正如伟大的诗人泰戈尔所说："如果你因错过太阳而流泪，那么你也将错过群星。"短短的一句话，就道出了一个至简至真的生活态度：不要活在过去里，美丽属于当下，未来属于当下，快乐属于当下。

别将爱情埋藏在悄无声息的岁月中

活在当下，把握好当下，才能让生命获得永恒。漫漫人生征途中，我们需要好好把握的东西有很多，爱情也是不可或缺的一部分。爱情到来的时候，如果不懂得好好珍惜，错过了一瞬，也许就错过一生了。

卡拉和艾丽丝在一次宴会上一见钟情。艾丽丝身上的一切都是卡拉想要的，她确实太迷人了。卡拉很想和艾丽丝约会，但是他却自卑地认为自己不够好，退缩了。他想，如果艾丽丝拒绝了他的约会请求，他肯定会精神崩溃。因此，卡拉只是和艾丽丝做普通的朋友，会时不时地给艾丽丝打电话，和她一同参加社团活动，这些并不是卡拉所希望的，但是这种关系却让卡拉极有安全感。他宁愿在梦中与心爱的女孩约会，也不敢轻易地追求对方，因为他害怕受伤，害怕永远地失去她。

几个月过去了，卡拉终于有勇气向艾丽丝表白，他告诉她：他喜欢她，想和她约会。没想到，艾丽丝爽快地同意了，卡拉一下感到自己是世界上最幸福的人。

对卡拉来说，这次约会很是重要，时刻提醒自己要准时赴约。于是，在星期六的晚上七点钟，卡拉准时出现在艾丽丝家门口。艾丽丝看起来不怎么兴奋，只是拥抱了一下卡拉，并把自己最喜欢的一本书送给他。卡拉道谢之后，就让艾丽丝上了自己的车子，同时又将书放在了储藏箱中。他们就一同开车到曼哈顿，卡拉计划先到影院去看一场电影，再共进晚餐。

然而，这一切却进行得并不顺利，并非因为发生了什么糟糕的事情，而是因为卡拉自己太过紧张。他一直在为艾丽丝是否会喜欢他而担心。他害怕这次约会之后，艾丽丝再也不想见他了。紧张使得卡拉表现不佳，他甚至无心享受与艾丽丝在一起的快乐时光。晚餐过后，两人互相道别，卡拉就垂头丧气地回家了。他认为自己肯定给艾丽丝留下了不好的印象，每当想到这里，他连呼吸都困难，越想越觉得自己表现不好，于是就决定从此不再给艾丽丝打电话了。

就这样，卡拉再也没见到过艾丽丝。一年之后，卡拉听说艾丽丝要结婚了，于是心情极为沉重，好像被抛进了地狱中。其实，这中间卡拉也交过一些女朋友，但是都不如他对艾丽丝那么动感情。有一天，卡拉的老朋友打电话给他说，艾丽丝因为患脑癌而离开了人世，葬礼定在星期天举行。这位老朋友还提醒卡拉说，他手上有一本书，是艾丽丝送给他的，问他是否仔细地翻过这本书，是否见到过书中的一张卡片。

卡拉顿时感到莫名其妙，就回到家中打开那本书，在翻阅的过程中，掉下来一张卡片，上面写着："卡拉，就今晚约会还是永远约会呢？艾丽丝。"

故事的结尾让人嗟叹不已，卡拉因为不懂得好好把握"当下"，把握与艾丽丝在一起的时光，最终让他错失了一辈子的幸福。

在任何时候，都别让爱情埋藏在悄无声息的岁月之中。生命是短暂的，心中有爱就一定要在当时大胆地向对方表达出来。苦苦地等待，不是对爱的坚贞，坦率地倾吐，才有可能享受到爱情的美妙。

很多时候，获得幸福的爱情只在一念之间，你把握住了，就会与对方携手一生。你之所以会失去，是因为你不能够好好把握当下的机会。

你的一生真的了无遗憾了吗

你是否想过这样的问题：当你生命快要终结的时候，你会觉得此生了无遗憾吗？你想做的事情都做了吗？你究竟有没有真正地快乐过，真正地开怀大笑过？

其实，多数人的一生都是这样度过的：年轻时，拼了命地想进一流大学；随后，巴不得想早些毕业能找一份好工作；紧接着，迫不及待地想恋爱、结婚、生孩子，又天天盼着小孩能快一点长大，好让肩上的压力轻松一下；后来，小孩长大了，你又恨不得自己能赶快退休，享享清福；最后，真的退休了，你却老得连路都走不动了……当生命快结束的时候，才发现曾经想去的地方都没能去过，喜欢的都没能享受，想玩的也从未去玩过。

这是大多数人的人生写照，劳碌了一生，时时刻刻都为生活担忧，为未来做准备，一心一意计划着以后会发生的事情，却忘记着眼于"眼前"，等时间一分一秒地溜走，才发现生命留下了太多的遗憾。

一位作家说过：当你存心去寻找快乐的时候，往往找寻不到，唯有让自己活在"当下"，全神贯注于当下的事物，快乐才会不请自来。或许人生的意义，不过只是嗅嗅身旁的每一朵绮丽的花朵，享受一下一路走过的点点滴滴而已。毕竟，昨天已经成为永久的历史，明日尚未可知，只有准确地把握"当下"，才是上天赐予我们最好的礼物。

美国著名作家斯宾塞·约翰逊有一本叫作《礼物》的书，主要的内容是这样子的。

一位智慧的老人告诉一个孩子，世界上有一种特殊的礼物，它可以给人带来快乐和自由，而这个礼物只有依靠自己的力量才能够找到。

于是，这个孩子就想：如果找到了这个礼物，这一生也算是没有白活。为此，他开始拼命地寻找，越是拼命地寻找，越是感到不快乐，而他生命中的那个珍贵的礼物始终没有出现。

后来，当这个孩子到青年的时候，几乎用尽所有的办法寻找。但是，他越是拼命地寻找，越是感受不到快乐，而他生命中那个最为珍贵的礼物也始终没有出现。

最终，年轻人决定放弃了，不再这样漫无目的地找下去。后来，这位智者就告诉年轻人：你一生都在拼命寻找的礼物其实一直在你身边，这个礼物就是"当下"！

现实生活中，我们也会像书中的年轻人一样拼命地追寻有形的"礼物"，却往往忽视了自己早已经拥有的无形的礼物——此时此刻。在这个充满焦虑和烦躁的社会中，这份"礼物"更能够帮助我们重新发现幸福生活的真谛。

在生命旅程中，"过去"和"未来"是人类语言中两个最为危险的词汇。将"当下"过多地消耗在过去和未来，就好比是在一条绳索上行走，它的两边都有危险。只要你能够仔细地品味"当下"这个片刻的甜蜜，你就不会再去顾及那些危险了。你的心灵只要跟生命保持同一个步调，其他的就变得无关紧要。

要更好地活在"当下"，就是好好地、仔细认真地做眼前的事，全心全意地去接纳、品尝、投入和体验眼前的这一刻。你可能会说："这有什么可难的？我一直都活在当下。"话固然不错，但是你是否一直活得很是匆忙，无论是吃饭、走路、睡觉或者娱乐，你是否总是缺乏耐性，急着要赶往下一个目标呢？因为，你总是觉得你还有更为重要和伟大的目标要去完成，你不能将宝贵的时间浪费在"现在"这一刻。生活中，不仅仅是你，多数人都无法专注于"当下"，他们总是若有所思，心不在焉，总是想着未来甚至下辈子的事情。

我们常听人这样说：下辈子我一定要成为百万富豪，我一定要赚得更多，换更大的房子；过去真是糟糕透顶，如果生命再来一次，我一定不会那么做……这样的人并不能够获得快乐，他们总是让鲜活的生命游弋于"未来"和"过去"之间。

请记住：如果你时时刻刻都将精力耗费在未知的未来和回不去的过往，对眼前的一切熟视无睹，你永远也无法获得快乐。

第十章

保持清净心：
祛除浮躁，保持清净享真乐

在繁杂的人世间，能够保持一份心灵的宁静，随时回到自己的内心深处，细细品味生命的微妙，无疑是获得快乐的良方。紧张时，静静心，你会拥有一份从容和淡定；愤怒时静静心，你能够心平气和地化解矛盾；疲惫时静静心，你能更有信心地走好以后的路；失意时静静心，你会发现人生没有什么大不了的事情，痛苦时静静心，你会发现快乐其实就在身边……人间真正的福气在于一个"定"字，其实就是指清净心，心清净才能获得真幸福，才能享受真正的快乐！

真正的快乐不是物质享受而是清净心

心清净，就是福，清净为最上快乐。一般人不懂得什么叫作福德，认为发了财、做了大官，就算是有福气了，这其实是个错误的观念。如今虽然物质丰富，我们的内心却充满了无尽的忧虑、烦恼、痛苦，使人丝毫感受不到快乐。

真正的幸福和快乐，绝不是外界物质的享受。物质的享受，是外部境界对感官的刺激，离开外境，便丝毫感受不到快乐了。

其实，真正的快乐不需要外界的刺激，而是从内心真实自然地流露出来的。就像泉水一样，它能够自然地向外涌。而这个快乐的获得就要靠一颗清净心。清净心能生智慧，如何不快乐呢？凡夫俗子的内心不快乐，是因为内心充满了烦恼。

生活中，每个人都面临着巨大的压力，每个人的心中像拉紧的弹簧，一刻也无法松弛下来，即便是在身心疲惫的状态下，也无法放缓迈动的脚步，身不由己地被涌动的人流推着走，逐渐地在高速的旋转中丧失了内心的宁静。那么，如何才能让自己的内心时刻保持平静和快乐呢？有这样一个故事。

一位国王，拿出最丰厚的奖金，召集天下有名的画家，希望能画出最能使人心灵清静的一幅画来。许多有名的画家都来尝试，画出了许许多多的画。最终，国王从中挑选出了一幅最喜爱的画。这幅画画的是一潭平静的湖水，湖面如镜，倒映出周围的群山，但却都是崎岖和光秃秃的山，上面是"愤怒"的天空，下着大雨，雷雨交加。山边挂着一道道飞珠溅玉的瀑布，看来一丝都不平静。但是当国王一靠近，就看到瀑布后面有一细小的树丛，其中有一鸟巢。在怒奔的水流之中，鸟儿则是安坐在它的巢中，静享着最为安全的清静。

国王对这幅画赞不绝口，重赏了这位画师。但大臣们却对此疑惑不解，国王自己解释道："一个人并非待在一个没有困难与辛苦的地方才能获得清静，而是在一切纷扰的杂乱之中，心中却仍旧能够保持平静。"

这个故事告诉我们，一个人是否能享受到清静的生活，并非取决于他是否拥有一个良好的环境，而主要取决于他是否拥有清净的心态，是否懂得在任何情况下，都不忘记清洗自己的心灵，让自己时刻都活得轻松与洒脱。

生活中，我们在一般的庆典场合，总能感到热闹非凡，好像人们只有达到感官上的刺激才算吉祥，其实，由热闹而生的快乐并非真的快乐，等庆典一结束，留给我们的只有内心的嘈杂和疲惫。所以，生活中，我们切莫被现实的嘈杂和物欲迷失了心性，要时时树立好心态，处乱不惊，处安不躁，这样才能生出真正的快乐来。

天地间的真滋味，唯静者能尝得出

在快节奏的现代生活中，要想寻求内心的平静是极为不容易的一件事情，能够保持一颗晶莹透亮的纯美之心是我们每个人都在寻求和期望的。

"春有百花秋有月，夏有凉风冬有雪。若无闲事挂心头，便是人间好时节。"这首诗最能体现出那些寻求平淡生活的人们的心境。然而，我们要想达到静观云卷云舒、花开花落那般恬淡和从容的境界，首先要淡泊人生的利害得失，淡泊荣辱。

很多时候，快乐并非是拥有的多，而是渴求的少，只要我们的内心能够坦然地接受当下平淡的生活，能够从容地面对生活中的琐碎事物，知足常乐，随遇而安，便能够恬淡自然，在宁静中品味出人间的真滋味。所以，如果我们事事、时时都能坚持恬淡，并能够长时间的坚守，心中就一定会充满快乐和幸福。

弘一法师，也就是李叔同，他本来生于富贵之家，前半生可谓享尽了人间的荣华富贵，长大后又成为一位才华横溢的艺术大师。他集诗、词、书画、篆刻、音乐、戏剧、文学等艺术才华于一身。

同时，他在音乐方面也有很高的艺术造诣，他创作的《送别歌》虽历经几十年传唱仍经久不衰，成为经典的名曲。他凭着自己在艺术上极高的造诣，先后培养出了漫画家丰子恺、音乐家刘质平等文化大师。

但是，正当李叔同盛名如日中天、享受荣华之时，他却到虎跑寺削发为僧了，自取法号弘一。剃度后，他一日只食一餐，而且不吃菜心、冬笋、香菇等蔬菜，理由是这些菜的价格要比其他素菜的价格高出几倍；身上除了三衣破衲、一肩梵典外，再无长物，从来不受人施舍。挚友与弟子们供奉的净资，也被他全部用来印佛经了。由于他一心向佛，最终成为德高望重的律宗第十一代世祖。

弘一法师的一生可以精练地概括为"绚烂之极，归于平淡"。平淡是一个极高的境界，也是最为真真切切的生活。平淡不是懦夫的自暴自弃，而是智者的胸有成竹；不是看破红尘后的心如死灰，而是经历风雨后的大彻大悟；不是碌碌无为的得过且过，而是从容处世的潇洒自信。平淡的生活是一种安逸、幸福的生活，它没有喧嚣的嘈杂，没有世俗的烦恼，更没有填不满的欲望，有的只是一份从容、一份平淡，淡淡的快乐，淡淡的宁静，在淡淡中享受生活的真谛。

其实，真正的英雄和伟人都出于平淡之中，这样的人永远是淡然对待一切，永远向着心中最伟大的理想不停地奋斗着，不会让心灵在繁茂的花丛中迷失。很多时候，生活就是这样在淡淡中流过，蓦然回首，我们才发现记忆中留下的只是一种温暖、一份感动，最后，在感叹中释然：人生最美是平凡，滋味最真是安静。

人最想得到什么，就会成为什么的囚徒

当一个人日复一日、年复一年地为身外之物忙碌的时候，当他过分地专注于个人事业的发展，专注于生活中一件件无关紧要的琐碎事物的时候，就会在忙碌中不知不觉地将自己置换成囚徒。你最想得到什么，一定会把自己裹挟进去，让自己成为它的囚徒，这个时候，就把"我"给弄丢了。

《于丹趣品人生》中有这样一个故事。

一位公差押解一名犯人去京城，这名犯人是个犯了戒规的和尚。

路途遥远，公差很是负责任，他每天早晨醒来，都会仔细地清点自己随身携带的几样东西。第一件是包袱，他和和尚的盘缠以及御寒的衣服，这些是保命的物品当然不能丢了；第二件是公文，只有将这份公文交到京师才算完成押解的任务；第三件是押解的和尚；第四件是自己。

公差每天早晨都会清点一遍，包袱还在，公文还在，和尚还在，他自己也还在，这才会上路出发。

就这样，日复一日，偏僻的小路上经常只有他们两个人在行走，很是寂寞无聊。于是，两个人经常闲聊，久而久之，彼此间相互照应着，关系就越来越好了，成为很要好的朋友。

在一个风雨交加的夜晚，两个人饥寒交迫，就躲到一个破庙里。和尚对公差说道："在前面不远处，有一个集市，我去给你打点酒过来，今天就好好地放松一下。"公差有些松懈，就给和尚打开了枷锁，让他独自去

打酒。

　　和尚打酒回来之后，还买了很多的下酒菜。两个人喝得酩酊大醉后，酣酣入睡。

　　和尚一看，终于逮着机会了，就从怀中掏出一把刚刚买回来的剃刀，"嗖嗖嗖"，将公差的头剃光了，然后，将公差的衣服扒下来，自己换上，又将自己的僧袍裹在公差身上，连夜逃走了。

　　公差一觉睡到第二天天亮，醒来之后，就舒舒服服地伸了个懒腰，准备清点东西，然后继续赶路。一摸手边的包袱，包袱还在；再看公文，公文也在；找和尚，和尚找不着。公差就挠头道："和尚哪儿去了呢？"这一摸才发现自己的头也是光的，低头再一看，身上还穿着僧袍，顿时恍然大悟，原来和尚也在这儿。于是，他又问自己：和尚还在，我到哪儿去了呢？

　　这个故事，给忙碌的现代人很深的启示。作者于丹解释说，故事中的包袱就相当于每个人的物质生活，物质生活的改善会伴随我们的一生，它不会丢失。公文就是我们所从事的职业。一个人在世界上安身立命，总要有一个社会角色，要通过一种职业建立与他人的关系，实现自身的价值。这份公文也不可丢弃，我们要随时带在身边。和尚其实就代表我们日复一日要做的事，当自我还在的时候，我们会好好地押解和管理着这个囚徒。然而，当我们日复一日地去忙碌，过分地专注于眼前的事业发展的时候，就会成为自己的囚徒。表面上看，和尚还在，日复一日忙碌的事情也没有丢，却将自己弄丢了。

　　我们每个人都在不停地忙碌，为物欲，为事业，为权位……再无时间去关注自己的内心，迷失了自己。人最想得到什么，就会成为什么的囚徒。比如有些人很是看重财富，于是不停地追逐，将大量的时间都用在工作方面，在酒桌上打通关系，经营人脉，财富越来越多，欲望也越来越多，最终就将自己变成了财富的囚徒。有些人执着于权力，将所有的精力都用在升职方面，最终，职位越来越高，官也越来越大，最终变成了权力的囚徒。有些人一辈子执着于感情，一次次地受伤，但是仍旧痴心不改，最终却变成了感情的囚徒……而现在的你又是什么的囚徒呢？

懂得及时放下，让心灵远离喧嚣

随着现代生活节奏的加快，周围环境的喧嚣和浮躁，人们不停地忙碌、奔波，总是一往直前，毫不停留，就连吃饭也不知其味，匆匆地填饱肚子，越来越多的人时常会感到心灵异常疲惫，内心异常迷惘，不知道这样忙碌终究是为了什么，人活着的意义是什么？

现实社会充斥着太多的诱惑，如果你不能以平静的心灵去面对，就会感到心力交瘁或者迷惘躁动。为此，我们只有学会适时地放弃，才能让心灵回归最原始的平静和快乐。

在喧闹城市中一个极为僻静的地方，有一家普通的铁匠铺，它的主人是一位年逾70的老头，每天都过着极为悠闲的与世无争的生活。

这个铁匠铺采用最原始的经营方法，老头每天都会坐在铺门之外的摇椅上面，手中拿一只紫砂茶壶，身边放着一个半导体，货物摆在门外，不吆喝，也不还价，晚上也不收摊。老人根本不在乎生意的好坏，人老了，挣的钱只要能够养活自己就足够了。

有一天，一个经营古董的商人从这里经过，不经意间就发现了老人身边放着的紫砂壶，那把茶壶外形古朴雅致，紫黑如墨，颇有清代著名的制壶名家戴振公的风格。于是，立即感到这把壶价值连城。于是，商人就走过去，又仔细观察了一下那把壶，果然上面印着戴振公的印章，当即表示愿意出10万元买下这把茶壶。听到这么庞大的数字，老铁匠很是吃惊。但他还是拒绝了，因为这把壶是祖宗传下来的，不能随便变卖。

商人走后，老铁匠平生第一次失眠了。他没有想到一把极为普通的茶壶竟然如此值钱，他的内心有些不平静了。

原来他只是会悠闲地躺在椅子上面喝水，总是闭着眼睛把壶放在小桌子上面，而现在他总是要再看一眼，这让他感觉疲惫极了。最让他烦恼的是，自从周围的人知道他有一把价值连城的茶壶以后，门槛都快被踏破了，来向他询问家里还有什么其他的宝贝没有，有的听到他要发财了，开始不停地巴结他，有的在半夜时分还来敲他的门……这所有的一切彻底打破了他原本宁静的生活。

过了一段时间，几位商人也竞相前来拜访，面对喧嚣，老铁匠再也无法忍受了。他立即招来左邻右舍的人，当着所有人的面拿起一把斧头，把紫砂壶给砸了个粉碎。

现实生活中，许多人被太多的物欲和功利牵制着向前赶，感觉累极了，其实，更多的是心累。所以，我们一定要像故事中的老铁匠一样，果断地放弃那些困扰自己的东西，抛弃那些浮华和虚荣，欣然面对清贫，面对平凡的日子，那么，心灵便会倍感轻松，就能够享受到生活中美妙的芬芳。

现实中，人们常常会因为不舍得放弃而失去更重要的东西。面对诸多不可为之事，勇于放弃，是明智的选择。面对一些该舍弃的东西时，只有毫不犹豫地放弃，才能重新轻松地投入新生活，才能让自己的内心获得平静。

人生需要放下八样东西

漫漫人生长路，要想活得轻松，活得清净，活得快乐，必须要学会放下八样东西，这八样东西分别为压力、烦恼、自卑、懒惰、消极、抱怨、犹豫和狭隘。

其实，很多时候，人的内心累与不累，完全取决于自己的心态。要知道，心灵的房间，一定要及时地打扫，否则一定会落满灰尘。一颗蒙尘的心，一定会变得极为灰色和迷茫。漫漫人生长路，我们每天都要经历很多的事情，开心的或者不开心的，都会在心中安家落户，只要事情一多，一切便会变得杂乱无章，然后内心也会跟着忙乱起来。很多时候，有些痛苦的情绪与一些不愉快的记忆充斥在心中，就会使整个人变得萎靡不振。如果我们能够及时除去心灵的尘，学会放松自己，给自己减压，就能够使黯淡的心变得亮堂，让整个人生变得淡定从容。

人生需要放下的第二件东西便是烦恼。其实，很多烦恼皆由心而生，要去除烦恼，一定要努力积极地改变你的心态，调节你的心情，学会平静地接受现实中的一切，学会顺其自然，学会坦然，学会积极地看待人生，学会凡事都往好处想，如此，阳光就会流进你的心中来，才能驱走内心的恐惧，驱走黑暗，驱走内心所有的阴霾。快乐其实是极为简单的，不要让自己不快乐就可以了。

人生需要放下的第三件东西便是自卑。自卑是让内心不快乐的一个因素，要让内心时时洒满阳光，就一定要学会自信。自信可以稀释掉一切的痛苦和哀愁，可以有效地弥补你内心的不足，让你从容、无所畏惧地走在人生的大道上。所以，从现在开始，相信自己，找准自己的位置，这样可以让你拥有一个完整的有价值的人生。

人生需要放下的第四件东西是懒惰。生活中，我们一定不要去羡慕他人的绝技与绝招，要知道，奋斗可以改变命运，只要你通过恒久的努力，也完全可以拥有。因为，你只需将一个简单的动作练到出神入化，就是绝招，将一件小事做到炉火纯青，就是绝活。永远记住：上进的你，快乐的你，健康的你，善良的你，一定会有一个极为灿烂的人生。

消极是人生需要放下的另一件东西。漫漫人生长路，消极犹如乌云般遮住了心灵的阳光，让我们的人生苍白无力。而要成为一个快乐和成功的人，就一定要积极地面对人生，没有任何人能决定你的输赢，除了你自己。也并非所有的梦想都能成真，但至少可以装点你的生活。

抱怨也是你一定要放下的。与其抱怨，成为人见人烦的哀叹者，不如积极努力，改变命运。失败了，能够放下抱怨，心平气和地接受失败，也是智者的姿态。千万不要责怪生活，千万不要认为生活辜负了你什么，其实，你跟他人拥有的一样多。

人生最痛苦的莫过于在得与失之间犹豫不决，要知道，犹豫是阻碍你向前进的一个阻力，也是产生烦恼的根源。为此，在人生中，只要认准了的事情，千万不要优柔寡断；选准了一个方向，就只管上路，不要回头。机遇就像闪电一般，只有你及时抓住，才能收获成功的果实。

人之所以不快乐，就是太过狭隘，爱斤斤计较。只有学着去宽容他人，同时也宽容自己，学会给自己的心灵让路，才能奏出和谐的生命之歌！

很多时候，我们不单单要自己快乐，还要将自己的快乐分享给朋友、家人，甚至素不相识的陌生人，因为分享本身就是一种至高境界的快乐。

恬静淡泊是养心第一法

弘一法师说："恬淡是养心第一法。"他所说的恬淡即为恬静淡泊，享受生命的清静，淡泊物欲，这是养心修身的第一法则。也就是要将我们的心灵时常安置于一个安静的状态中，波澜不惊，不因繁杂的外物喧嚣而迷乱，不受尘世的任何束缚和约束，就像小鸟自在地飞翔，像白云自由地飘荡，如叶生树梢，如草生堤堰……

有一位老人，酷爱瓷器，只要听说哪里有好的瓷器，不管路途有多遥远，都会亲自跑过去鉴赏。如果中意的话，他会倾尽所有买回。

经过多年的费力收集之后，他家中的瓷器已经颇具规模。在家中诸多的藏品之中，他最喜欢的就是一只龙头造型的瓷器，当然，价格也不菲。

有一天，老人的一位许久未见的老朋友过来拜访他。为了表示欢迎，老人就将自己心爱的龙头瓷器拿出来让对方欣赏。而朋友也是一位极懂行的人，拿起这件瓷器之后便赞不绝口，但是在观赏时，因为不小心，瓷器滑落在了地上，那件珍贵的瓷器立即变成了一地碎片。

老友紧张异常，一时也不知道该怎么办才好。而老者则笑了笑，让他不要着急，并且认真地蹲下身体，默默地将碎片收拾好。收拾完一切之后，他就拿出了另一件瓷器继续去请老朋友欣赏。谈笑之间，好似什么事情也没有发生一样。

事后，儿孙们非常不解，问道："平时，这些贵重的物件，你连碰都不让我们碰。现在却被打碎了，你难道一点也不生气、难过和惋惜吗？"

老人笑了笑说道："坏事情在没有发生之前，我们当然要尽量去避免。但如果坏事已经发生，不如将它看淡一些，这样才能让内心保持平静，才

231

有可能找到更好的物品。"

老人的睿智在于时刻能保持恬淡的心态面对一切不如意。坏事没有发生前，我们应尽量避免，但是已发生时，就要学会坦然面对。淡泊物欲是养心第一法，只有将所有的一切看淡了，才能保持内心的平静，才能让我们活得更为轻松。

现实中的我们，总是莫名地被功名利禄牵着鼻子走，最终迷失了心性，迷失了自己，烦闷、痛苦、忧愁、焦虑……所有的负面情绪无时无刻不在扰乱着我们的内心，让生命承受了不该承受的苦难。为此，让心灵回归恬淡宁静的状态才能真正地体悟到无比的惬意和自在。

恬淡是一种对生活坦然的态度，是一种快乐的情绪，是心灵获得安静的第一法则。在物欲横流的现代社会中，它体现的是一种心境，一种精神，一种对生活的态度，一种至高无上的生存追求。人生中，随时保持恬淡的心态，才能使我们放宽心思，才能欣赏到生命真正精彩的部分，才能活出真正的色彩。

弘一大师所说的恬淡，就是让人们去静心，"树欲静而风不止"的原因不是因为风太大，而是因为心不静。只有心静，才能彻底摆脱世俗的困扰，才能活出真滋味。上天既然给了我们生命，我们就应该活出它的价值来。而保持一颗恬淡的心，就是顺着自己的心意去探寻生命的轨迹，不必去计较一时的得与失，不必去在意那些身外之物，这样才能够让自己切实地活出真正的自我，才能体现出自我的真正价值。

心灵有家，生命才有路

在人海中沉沉浮浮，心难免会浮躁、劳累。我们要适时为自己留一段空白，留一段云淡风轻的孤独，如此才能让自己内心沉淀下来，体味人生绝美的滋味。

孤独是心灵的家，沉浸在其中，你会感到一种无比的幸福和快乐。心中有家，生命才有路。孤独是一种感觉，是一种情绪。也有人说，孤独是个性的浓缩，寂寞的悲哀，是一种欲盖弥彰的表现。但是更为确切地说，孤独是一种心境。每天为尘世中的所失和所得忙碌的人，根本无法真正体会到孤独的境界，沉湎于浮躁和焦虑中的人，是无法体会到孤独带给人的那种静美的滋味的。

在很多时候，孤独是一种乐趣，是一种与众不同，无法向他人诉说的乐趣。当你感到孤独的时候，你完全可以随心所欲，不用顾忌任何的眼色。这份自在，这份轻松，足以令人身心彻底地放松。如果你感受到这份自在，便能品尝到孤独的最大乐趣。

很多人在提及"孤独"时，往往含着同情或者怜惜，认为它是一种难受的情愫，实际上，孤独却是一种极高的人生享受，许多伟大的事业都是在孤独中完成的。

"艺术天才"纪伯伦是位伟大的诗人兼画家，而他的艺术成就多数是在孤独的状态下完成的。

纪伯伦在很小的时候就失去了亲人，孤独和生活重担常常压得他喘不过气来。为了排遣精神上的孤独，他用充满哀愁、倾听和憧憬的手法开始全身心地投入散文和诗歌的创作，借以释放内心的压抑和情感。当时的纪伯伦才刚刚 20 岁，但是，他的作品已经充满了对社会的叛逆和揭露，而这一切的成就都是在孤独中完成的。

后来，才华横溢的纪伯伦得到了有艺术鉴赏力的玛丽·哈斯凯尔的赏识，于是她就慷慨资助纪伯伦去当时的艺术之都巴黎学习绘画，最终成就了他艺术上的伟大成就。

很多时候，孤独之中的生命是最为充实的。你可以在孤独中找回许多的失落，找到富有生命力的艺术灵感，为心灵拭去忧郁和痛苦。人生只有在宁静之中才能致远，在淡泊之中才能明志，这样的灵魂和生命又何尝不是最充实的！要知道，人的潜能，未经过磨炼，怎能够散发出光彩来。人生的痛苦在很多时候是来自刻意的执着，为此，要摆脱痛苦，就要将心灵置于孤独之中，重新规划，这样才能让自己走得更为久远。

懂得品味孤独的人，是真正懂得生活的人，是可以把握自己生活的人，让我们做一个既会与他人相处，又会调节生活的人吧，独处中自有乐趣，孤独中自有惬意，只要你仔细去品味。

用心体验平凡，日子便会灿烂如花

左边是悲伤，右边是快乐，向左还是向右？只在一念之间。快乐都蕴涵在平凡之中。只要用心体验，快乐的蝴蝶就会在你周围飞舞，让你的生活日日生花。

你心中的快乐是什么？是一簇热情的阳光，还是活力十足的能量？快乐时，无论伤感的风，还是多情的雨，无论惆怅的黄昏，还是凄美的月夜，都能让你周围散发出愉快的香味。快乐能让你原本乌云笼罩的心雨过天晴，能使周身弥漫的悲伤气息消散，快乐就是拥有如此大的能量。

忙碌的生活, 浮躁的世界, 剥夺了现代人的快乐。为了填不满的物欲而痛苦, 为了是非计较而郁闷, 为了莫名的闲愁而失落……我们总是打着寻找"快乐"的旗号, 让自己变得不快乐, 其实, 快乐就存在于平平凡凡的生活之中, 只要用心体验, 它就在我们的周围。

一个城市的建筑工作者, 为了生活, 每天都必须在工地上流血流汗地拼命工作。夏天他将自己暴晒在烈日之下, 汗流浃背, 冬天, 他又必须要在大雪纷飞中忍受严寒。这种长年累月的艰辛, 让他厌倦了当下的生活, 每天都闷闷不乐, 忍受着身体和精神的双重痛苦。

然而, 这一天, 当他拖着疲惫的身躯回到家中的时候, 猛然看到妻子一如既往地在厨房中忙活着为他做饭、烧水; 几个孩子在屋中快乐地嬉戏, 一看到他回到家中, 便都兴奋地扑了上去……正是在这个时候, 他发现自己简陋的小屋中竟然充满了别样的温馨。他慢慢地走进厨房, 用一种充满爱意的感动将妻子抱起来, 转上一圈。他的内心洋溢着幸福和快乐的味道。

就这样一个小小的动作, 将他一天的疲惫赶走, 再也感觉不到任何劳累了。

快乐蕴藏在平凡的生活中, 它与物质的多寡无关, 与身份地位的高低无关, 只要用心去体验, 便随手可得。

看吧, 那些在草地上玩耍的孩子, 脸上都洋溢着快乐的笑容, 滑梯之下, 小桥边上, 欢乐地嬉戏玩耍。葱葱绿荫之下, 父母们面带微笑津津有味地聊着家常, 不时还看看玩耍中的孩子。对他们来说, 人生的快乐有时就是陪着孩子, 与周围的人闲聊一番, 这就是属于他们的最为简单的快乐。

夕阳西下, 在令人无限惬意的花园中, 一对年迈的老人在小径上面缓缓地走着, 边走边聊, 笑容不时地在他们脸上绽放。在他们身上, 看不到"夕阳无限好, 只是近黄昏"的沧桑的感慨, 有的只是属于他们老两口享

235

受生活的无限喜悦与甜蜜。就这样，在暖暖的阳光之下，带着"执子之手，与子偕老"的誓言，慢慢地走完下半辈子，直到慢慢地老去，在浪漫中享受他们的一生，这样简单的快乐只属于他们。

灿烂的阳光、娇艳的花朵、绿油油的草坪、孩子的笑声、静谧的月光……这些看似平凡的事物，都可以让我们找寻到久违的快乐。美好的人生需要快乐去点缀，让我们学会微笑，用心体验平凡，让自己快乐起来，不仅为获得一份真挚的友情，还为获得一份珍藏的回忆、一次美好的精神体验而快乐，如此这般，平淡的生活也会灿烂如花。

在举手投足间采撷快乐之花

快乐和悲伤仅在一念之间。你选择快乐还是悲伤，皆在于你的心态。乐观的人，在举手投足间便能采撷到快乐之花，都能会心地微笑；而悲观的人，得到什么也会愁眉不展。所以，无论我们处于什么样的环境中，要获得快乐，首先要改变心态。

希腊神话中有这样一个经典的故事。

西西弗斯是风神的儿子，是个力大无比的勇士，他因为蔑视众神受到了惩罚，到奥林帕斯山上去做一项永无止境的苦役——把一块巨石从奥林帕斯山下徒手推到山顶。因为众神诅咒的力量，在他将巨石推向山顶的那一刹那，巨石又会自动地滚落到奥林帕斯山下面。

他每天都在重复着永无止境的苦役，做着无任何意义的工作。西西弗斯每天都感到痛苦万分，但是仍旧还得忍受灵魂的折磨。

然而，终于有一天，当西西弗斯正在全力以赴地做这项苦差事的时候，他突然觉得自己推运巨石的动作是那么和谐，那么优美。他快乐极了，开始仔细、专注地观察自己全力以赴的每一个动作，有一种独一无二的尊贵感与满足感。然而，也就在这个时候，他所有的疲惫、劳苦和绝望都消失得无影无踪，他开始以快乐的心态全身心地欣赏而且享受着这份苦役，不再抱怨和焦虑了。

然而，就在他感到快乐和满足的时候，极为奇妙的事情发生了，诅咒在一刹那间彻底地解除，巨石不再滚回山下，西西弗斯也从此获得了彻底的自由。

现实生活中，我们是否也有一种感觉，感到自己的命运和生活就像西西弗斯的命运一样，日复一日地重复着没完没了的事情：青春激昂的梦想被淹没在永无止境、永无了结的琐事之中，使人时时都处于一种欲望与怨恨之中，每当要达到心灵的巅峰时，却又被习俗与惯性推入谷底。周而复始，我们便真正地成为了人间的西西弗斯，生活就是那块不断滚动的巨石，在比奥林帕斯山道还要漫长的岁月河流中无奈地劳作着。这个时候，你的内心充满了绝望和悲观。然而，如果你能用欣赏的眼光去温柔地对待生活中的每一天、每一件琐事的时候，你完全可以从疲惫和困苦中解脱出来，那么，自设的诅咒便会在一瞬间消失得无影无踪，僵硬、干涩的心灵也会滋润柔和起来；用精彩的心情去过每一天，四季的亲切，生活的美丽就会将你温柔地包裹起来。为此，如果你能够以温柔之心对待世界，就不会计较雨露对小草与花儿的偏爱，就不会使心灵在红尘的追逐中受累，那么，你的每一个平淡的日子也会如和煦的春风般温暖灿烂。

消受清福，便能如神仙般自在

人生洪福容易享，但是清福却最难享。何谓清福？即为清闲快乐的生活。红尘中人，有功名且富贵的人，都可以享受到洪福，但是因为缺乏智慧，所以享不到清福。有些人到了晚年，本来可以享受到清福了，但是反而觉得痛苦，因为一旦无事可做，就害怕寂寞，害怕无聊，感觉自己是个无用的人。

所以，要享受清福，一定要先学会寂寞，能享受寂寞，就可以彻底地了解人生，能够体会到人生更高远的境界，才能体味清福带给你的快乐和自在。

明朝时期有一个人，因为有求于佛，于是天天半夜跪在庭院中烧香拜天，而且态度还极为诚恳。

就这样，他坚持了整整三十年。天上的神看他如此虔诚，十分感动。有天夜里就出现在他的面前，问他说："你天天在这里拜天，如此虔诚，有什么事情求我呢？"

看到天神降临，这人很是惊奇，便说道："我什么都不求，只想一辈子都有饭吃，有衣服穿，不受穷，多几个钱，可以一辈子游山玩水，没有病痛，无疾而终。"神听到了这个要求，就说道："哎呀，你的这个要求，是上界的神仙之福，你若求世间的功名富贵，有要做大官，发大财的愿望，我都可以满足你。但你所求的是神仙之清福，也是我所求的，我无法满足你……"

这个故事就是告诉我们清闲之福的难得，难到只有神仙才能够消受。常人之所以难以享受清福，在于"清福"是朴素之福、闲适之福、淡雅之福。

在现代社会中，每个人都难免要被外在的物欲牵着鼻子走，忙碌的脚步无法停下来，被填不满的欲望不断地折磨，享受不到片刻的宁静，我们已经在不知不觉间将忙碌和烦恼深深地根植到我们的心灵深处了，再也无法承受寂寞和孤独，如何能够享受到"清福"呢。

享受清福是人生更高境界的一种极为逍遥的生活方式，那些真正懂得享受清福的人，对尘世中的洪福是不屑一顾的，是厌烦的。他们不会为了物欲而去忙碌，让自己的心被外物所扰乱，能够在平静的生活中享受快乐和充实，犹似神仙般自在，就是享清福。

"慢"步人生路，牵着心儿散散步

人生就像一幕滑稽的戏剧，我们不断地追求某些东西，从不知疲惫，但是，走到最终才发现，当自己在急急忙忙赶路寻找生命终端的风景的时候，最美的风景其实在路上，而自己却因为只顾忙碌向前赶路而白白地错过了。

一位哲人说："不懂得享受当下的生活是我们人生最大的悲哀。"生活中的"此刻"总是被我们忽略，在忙碌中无意预支了"当下的生活"。为此，我们很难感受到生命中真正的快乐和幸福。所以，在任何时候，我们都不要去苛求自己，要时不时地停下脚步来欣赏一下"当下"生活的美妙。

一个牧师在布道词里讲了这样一个故事。

"有一天，上帝给我分派了一个任务，让我牵着一只蜗牛出去散步。于是，我就照做了。在沿途之中，我尽管走得很缓慢，蜗牛尽管已经尽力在爬，但是它每次只能挪动那一点点的距离。于是，我开始不停地催促它、吓唬它、责备它。蜗牛也只是用抱歉的眼光看着我，仿佛说自己已经尽力了。我恼怒了，就不停地拉它，扯它，甚至想踢它，蜗牛也只是受着伤，喘着气，卖力地往前爬。

我想：真是太奇怪了，为什么上帝要我牵一只蜗牛去散步呢？于是，我开始仰天望着上帝，天上一片安静。我想，反正上帝都不管它了，我还管它干什么，任由蜗牛慢慢往前爬吧。我想丢下它，独自往前赶路。我就放慢了脚步，想将它放下，静下心来……咦？忽然闻到了花香，原来道边有个花园，我感到微风吹来，原来此刻的风如此温柔……而我以前怎么都没有体会得到呢？

我这才想起来，莫非是我犯了错误了，原来是上帝叫蜗牛牵我来散步的……"

是的，我们已经在对自己的过分苛求下，习惯了忙碌的生活，这样无论如何也感受不到路途中美丽的风景。如果我们能够放下苛求，让此刻的自己松弛下来，就可能体会到生命的真谛。想使自己停下来吗？如何去做到呢？

你可以这样去做，每天抽出一小时，什么也不做，只享受"此刻"的安静。当然，前提是，一定要找一个清静的地方，无任何人能够打扰到你的地方，只是静静地坐着，任思绪自由飞翔，让心灵自由呼吸。也许，在刚刚开始的时候，你会觉得心烦意乱，因为那么多的工作等着你去干，你会想如果去工作的话，早就把明天的计划拟订好了，就这样干坐着，分明就是在浪费时间。但是，你必须要将这些虚妄的念头从你的大脑中驱赶走，并且坚持下去，渐渐地你就会发现，整个人就变得轻松多了。

一天下来，你就会感受到"此刻"是如此的美妙，整个人都惬意十足。随即，你再做起工作来，就不会再像以前那样手忙脚乱了，你可以很从容地处理各种事物，不再有逼迫感。当然，你还可以慢慢地逐渐延长你的空闲时间，每天两个小时，三个小时。一旦养成了这样的习惯，你的生活将会得到大大的改善，你就会从那种透入骨髓的忙碌之中解脱出来，使头脑得到彻底的净化。

静坐阳光下，给心灵洗个澡

有一位外企职员，在自己的日记中这样写道："我们总是处于人群之中，在喧闹的人群中看不到自己的影子，听不到自己的脚步声。我们总是被周围的朋友、家人围绕着，耳边充斥着让人厌烦的噪声、喧哗，忍受着极为忙碌的工作，以及家庭琐事无穷的折磨。我们的每一根神经就像上了发条一样被绷得紧紧的，得不到一丝喘息的机会。"生活中，如这位职员的上班族有很多，他们忙于工作，而无暇去关注自己的内心，听一下内心的声音，总是因为莫名的噪声而烦躁、痛苦不已。如果你处于这样的状态之中，那么，你就要找个时间好好地让自己的内心平静一下了，回归宁静，仔细体味生命的真滋味。

乔治是一家大型广告公司的业务经理。在一次偶然的机会中，他学会了一种"坐在阳光下"的生活艺术，这是他第一次在繁忙的生活和工作中找到了宁静的感觉。看看他的这一段宝贵的经验吧：

在一个三月的早上，我正匆匆忙忙地走在去往纽约一家旅馆的路上，左手提着笔记本电脑，右手抱着厚厚的一叠急需处理的文件。其实，我是来纽约度假的，但是我仍旧无法逃离我的工作。

我快步走入我的临时办公室中，准备花几个小时来处理我的这些文件。我的好搭档坐在摇椅上面，用帽子盖住他的眼睛，将我叫住，用缓慢而愉悦的腔调对我说："你要干什么去啊，乔治，这么美好的阳光下，你那样赶来赶去是不行的。过来坐在这里，好好地在摇椅上面享受一番，这可是我最近发明的一项减压术。"

这话听得我一头雾水，就问道："与你一起练习这一项最为伟大的艺术吗？"

"对的，"他答道，"这是一项已经被当代人所淘汰的伟大的艺术。现在已经很少有人知道怎么去享受这项艺术了。"

"噢，"我问道，"那你赶快告诉我是什么，我没有看到你在练习什么艺术啊！"

"有哦！我现在正在练习啊！这项艺术就是'静坐在阳光下的艺术'。静坐在这里，让阳光洒在你的脸上，感觉很温暖，阳光的味道闻起来也很舒服。你会觉得你的内心无比的惬意和平静。一会儿，阳光照在心里，心灵像被洗了澡一样舒畅！"他兴奋地说道。

　　"太阳从来不会匆匆忙忙，不会太过兴奋，只是缓慢地恪尽职守，也不会发出什么嘈杂的声音，不会按动任何按钮，不接任何电话，不摇任何铃，只是一直沐浴在阳光下。而太阳就在一刹那间，做的工作比你一辈子做的事情还要多得多。想想看，它做了什么，它能使花儿开放，能使树木长大，能使大地变暖，使果蔬旺，使五谷熟；它还蒸发了水，然后再让它回到地球上来，最重要的是，它能够让内心回归'平静'，这是阳光给我们的最大的赏赐！"

　　"果真如此吗？"我睁大了眼睛看着他。

　　"好吧，从现在开始，你赶快把你要处理的那些文件扔到角落中去，"他说道，"跟我一起到这里来好好享受一番吧！"

　　于是，我就照做了，内心平静至极。当我再次回到房间处理那些文件的时候，我几乎一下子就完成了全部的工作，这使我有充裕的时间来好好地度假，可以完全享受"坐在阳光下"来彻底地放松自己。

　　坐在阳光下，给心灵洗个澡，可以让我们真正地感受到生命的意义。无可否认，保持内心的平静是缓解压力最为重要的方法。为此，当我们工作了一段时间之后，不妨也学习一下这种"坐在阳光下"的放松艺术，为自己的心灵腾出一个极为安静的空间，让自己体验一下轻松闲适的生活。

　　当我们工作太过疲惫，当我们面对生活的重压之时，我们完全可以观赏一下我们所喜欢的植物和动物，思考一下自己最为感兴趣的事情，或者是仅仅站在窗口，忘记所有的工作，放下所有的压力和束缚，看看蓝天白云，闻闻花香，望望窗外的绿草地，让思维从工作中跳出来，完全可以让你感受到生命的活力和激情。

第十一章

施比受更有福：

善在心中存，便是世间自在人

　　人其实是一个平衡系统，当付出超过了回报时，我们就会获得某种心理优势，会获得极大的满足感，从而享受到精神上的真快乐。自私和吝啬是人苦恼的根源，我们一定要以诚心和恭敬心来布施，而且心中不能带任何目的，这样才能获得真正的幸福和快乐。

快乐的秘方，原来是施予

尼采说过这样一句话：当我帮助受苦者的时候，我就洗净了我的双手，同时也揩净了我的灵魂。就是说，施予不仅可以给你带去阳光和快乐，也能让自己获得平静、幸福和快乐。

人生最大的快乐莫过于施予，施予的人都有一颗慈悲之心，能够化解人间的一切冰冷，让人生处处充满温暖，可以说，施予是获得快乐的最简单最有效的方法。

有一个小女孩在走过一片草地的时候，看到一只美丽的蝴蝶被草丛中的荆棘刺伤了。这个善良的小女孩就小心翼翼地帮助这只蝴蝶拔掉了身上的刺，并将它放飞回大自然中。到后来，这只蝴蝶就化为了一个仙女来人间报恩，对小女孩说道："因为你很是仁慈，所以，你可以许个愿，我会让它变成现实的。"

小女孩眨着眼睛，想了想，说道："我希望自己可以永久地得到快乐。"于是，仙女就弯下腰去，在她耳边悄悄地细语一番，然后就飘然而去。

果然，从此之后，这个小女孩就获得了莫大的快乐，一直到老。后来，很多人都问她，并且哀求她："请告诉我们，仙女到底给你说了什么方法，让你快乐地度过了一生呢？"

当年的小女孩已经变成了一位老太太，她听罢，笑了笑说道："仙女告诉我，施予他人、关怀他人就能够得到快乐。"

她也是在无私地奉献自己，无私地施予，所以，才快乐地度过了一生。

生活中，无论是谁，都有可能遇到这样或那样的困难，只有真诚地给予他人帮助，我们才能更深刻地理解幸福和快乐的意义，才能拥有快乐和幸福的一生。

施予就像雨中的伞，帮他人躲开了大雨的瓢泼，也保护了自己；施予也像冬天中的一把火，温暖他人的同时也能够温暖自己的心；施予就像甘露一样，在滋润他人心田的同时也能够将甜蜜永久地留在自己的心中……所以，我们想要获得快乐，就要勇于施予，勇于去帮助他人，这样才能让世界变得美好，才能让自己在美好的世界中享受到真实的幸福和惬意。

展露你的微笑，让他人幸福快乐

微笑是世界上最美丽的表情。俗话说："笑一笑十年少，愁一愁白了头！"微笑不仅可以缓解自己的焦虑与抑郁，还能够给他人带来愉悦、快乐和美好的心情，甚至还可以使你获得更为和谐和美好的人际关系，更会让你的外貌变得比同龄人年轻。

所以，要想让自己的生活充满阳光和快乐，就要多施予他人微笑，这是传递快乐的方法，同样也是让自己收获快乐和平静的重要方法。

有一个小女孩，在外面玩耍回到家中，交给妈妈一个袋子。妈妈惊讶地问，袋子中装的是什么，小女孩认真地说是十万元钱。女孩子的父母不敢相信，但是打开后，却真的是十万元钱！

女孩的父母很是不解，就问小女孩，从哪来这么多钱呢。女孩子微微一笑说："是一位叔叔给的。"父母追问："对方为何要给你这么多钱呢？"小女孩却说道："我什么也没有做，那位叔叔给我的。"随后，又像什么事都没发生一样，脸上露出了灿烂的笑容。

　　随后，当街坊邻居知道了此事以后，就像炸开了锅一样，都说这个小女孩的运气好。几天后，记者也来家中访问，来来回回，门槛都快被踩烂了。但是小女孩依旧说道："我什么也没做。"

　　后来，这位神秘"叔叔"的面纱终于被揭开了，他是一家大企业的董事长，每年收入高达几亿，但正是这种富裕的生活使他发生了变化。因为他经常在公司加班，以致他的妻子有了外遇，他的家庭开始破裂，唯一孩子的抚养权也落在了妻子的手中。他顿时绝望极了，曾经一度想结束自己的生命。而正在他伤心欲绝之时，无意间在公园看到了这个时刻面带微笑的小女孩，当小女孩回过头与他对视的时候，对他投去了一个十分甜美的微笑，正是这个微笑，使这位绝望的企业家重新燃起了新的希望。为了感谢这位萍水相逢的女孩，为了感谢女孩救了他一命，就给了这个女孩十万元。

　　一个微笑竟然有如此大的魔力，能让一个心灰意冷的人顿时充满希望，所以，我们一定要勇于展露微笑，这样不仅能够使自己快乐，而且还能给他人带来光明和希望。

　　微笑是挽救心灵的良药，如果你一直使自己的情绪处于低落的状态，那么没有人愿意理睬你。要改变，就要深吸一口气，抬起头挺起胸，让脸上露出微笑。要知道，微笑是会传染的，如果你能够真诚地对一个人展露微笑，那么，他也实在无法对你生气。

　　微笑体现一个人善良与包容的心，能够愉悦自己，也能给众生带来幸福和快乐。

帮助他人，就是帮助自己

著名的文学家爱默生说："人生最美丽的补偿之一，就是人们真诚地帮助他人之后，同时也帮助了自己。"就是说，我们在为别人提供帮助的时候，其实就是在帮助我们自己。

人们常话说："赠人玫瑰，手留余香。"我们在帮助别人的时候，自己也会有收获。其实，我们在帮助别人的时候，就是在舍弃自己的东西，既然有舍弃，就一定会有收获。我们每个人都并非独立地存在于这个世界上，每个人都会遇到困难，遇到自己解决不了的问题。所以，生活中，我们一定要学会帮助他人做一些力所能及的事情。

杰尔克是纽约一家大型广告公司的秘书，上司让他写一篇有关吞并另一家杂志社的可行性报告，此事事关机密，能帮助他的人很少。

经过仔细地了解，杰尔克发现公司上下只有一个人可以帮助他，这个人就是在那家杂志社工作几十年的现在的同事艾伦。

那天，当杰尔克走进艾伦的办公室时，艾伦正在接听一个电话，脸上流露出十分为难的表情，显然是遇到了麻烦。他对着电话说："亲爱的，这些天实在没有什么好的邮票带给你了，过一些日子我再带给你好不好？"放下电话之后，艾伦解释说："我正在为我那个爱集邮的儿子收集邮票。"

杰尔克在说明自己的意图之后，就开始向艾伦了解有关杂志社的问题，但是，艾伦的回答却始终含糊其辞，模棱两可。杰尔克看出对方是不想说心里话，很是无奈，最终无功而返。

开始的时候，杰尔克很是着急，不知该如何是好。在情急之中，他突然想起艾伦正在为儿子集邮的事情发愁，于是，就"计"上心头。

杰尔克就打电话给在航空公司工作的朋友，请他帮忙收集了一些世界各地的邮票，立即找到艾伦，把邮票给了他。艾伦看到邮票一个劲地说道："我的乔治一定会很喜欢的。"

随后，当杰尔克再次问到有关那家杂志社的事情的时候，艾伦则将自己知道的资料全部说了出来。不但如此，还打电话联系以前的同事，又仔细地了解了那家杂志社的基本情况，艾伦将数据、报告等一些详细的内容毫不保留地转告给了杰尔克，让他出色地完成了上司交给他的任务。

杰尔克正因为懂得帮助艾伦得到邮票，所以才得到了对方的相助，出色地完成了任务，帮助了别人，最终也帮助了自己。

在生活中，每个人的内心都有获得他人帮助的渴望，当你将一份无私的关怀送到他人面前的时候，给对方带来幸福感的同时，也会让你自己体验到莫大的快乐和成就感。

有句话说："爱是一盏灯，照明别人，也在温暖自己。"所以，在生活中，如果我们能够常怀助人之心，多帮助别人，那么，你获得的不仅仅是快乐，可能还会有更大的惊喜。

世界上最美丽的莫过于付出

世界上最美丽的莫过于付出，它可以净化人的心灵，让自己更快乐和幸福。有时候，一个发自内心的小小的善行，就能够筑就大爱的舞台。

一位衣衫褴褛的乞丐挨家挨户地乞讨，他很是可怜，因为右手连同整只手臂都断掉了，只有空空的袖子晃荡着，让人看了很是难受。一天，他敲开一位老婆婆家的门，这位老婆婆指着门前一堆砖对乞丐说道："你帮我把这堆砖搬到屋后去吧。"

248

乞丐生气了，说道："我只有一只手臂，怎么搬砖呢，不愿意给就算了，何必这样来刁难我呢！"然而老婆婆并不生气，俯下身子搬起砖来，还故意用一只手搬，搬了一趟之后，就说："你看，一只手也同样能干活。我能干，你也能干！"

乞丐顿时愣住了，用异样的目光看着老婆婆，最终还是俯下身子，用他的左手搬起一块砖，一次也只能搬两块。就这样，他用了整整两个小时的时间把一堆砖给搬完了。最终累得气喘吁吁，脸上满是灰尘，乱发被汗水浸透了，贴在脸上。

老婆婆递给乞丐一条雪白的毛巾，乞丐接过去，把脸擦了一遍，白毛巾一下变成了黑毛巾。老婆婆又递给乞丐 20 元钱。乞丐接过钱，说了一声："谢谢。"老婆婆说道："你不用谢我，这钱是你凭自己力气挣的。"乞丐激动地说："我不会忘记你的。"于是深深地鞠了一个躬，就上路了。

很多天以后，又有一位乞丐来到老婆婆的家门前。老婆婆就让乞丐把屋后面的砖又搬到屋前，照样给了对方 20 元钱。见状，邻居问道："上次让乞丐将砖搬到屋后，这次又让这个乞丐搬在屋前，这是什么意思呢？"老婆婆说道："其实砖头放在屋前和屋后都一样，但是对于乞丐来说，搬和不搬是不同的。"

从此之后，又来了几个乞丐，老婆婆就这样让他们将砖头搬来搬去的。

几年以后，有一个衣着很体面的老板来到老婆婆家的门前，这位老板就是当初那位断臂乞丐。这位老板用一只手握住老婆婆的手，俯下身说道："如果没有你，我现在还是一个乞丐。因为当年你教我一只手同样也能搬砖，我才成为这家公司的董事长。"

老婆婆说："那是你干出来的。"独臂董事长要把她接到城中去住，过上好日子。而老婆婆却说："我不能接受你的照顾。"

"为什么？"独臂董事长很是不解。

"因为我们一家人都有两只手。"

董事长坚持说："那边有房子，我一切都安排好了。"

而老婆婆微微一笑说道："那你就把房子送给连一只手也没有的人吧！"

帮助别人就是在人间撒播爱的种子，是栽培鲜花的行为，当花开之后，将会香遍天涯。故事中的老太太是高贵的，她不是纯粹地给予，而是教人奋发，给人希望和鼓励，让对方奋起去开辟自己的财富家园，让人生充满力量。

用慈悲为自己的人生开道

一个贫苦的小男孩为了攒足学费挨家挨户地做产品推销。可是一天下来，他几乎没有推销出去任何产品，也没有赚到钱。

在饥寒交迫的时候，他摸遍了自己的全身，结果只摸到了一角钱。于是，他就挨家挨户地哀求希望有人施舍他一口饭吃。然而，很多人都将他拒之门外。

正在他绝望地又一次敲开了一家门的时候，一位美丽的小女孩打开房门，这个小男孩感到不知所措。这次，他没有要饭吃，而是乞求对方能够给他一口水喝。这位小女孩看到他饥饿的模样，就递给他一杯牛奶。于是，男孩就慢慢地将牛奶喝完，又问道："我应该付多少钱？"善良的小女孩微笑着回答道："一分钱都不用付。我妈妈经常教导我说，施人以爱心，应该不图回报。"

而小男孩说："请你接受我衷心的感谢吧！"说完，就向小女孩鞠了一个躬，然后离开了这户人家。

数年之后，那个女孩得了一种罕见的疾病，当地的医生对此束手无策，后来被转到大城市医治，由著名专家亲自诊治。而巧合的是，这位主治医师竟然是当年的那位小男孩。当他听到病人来自那个城镇的时候，一个奇怪的念头霎时闪过他的脑际。他马上起身直奔病房。他来到病房以后，一眼就认出了当年的恩人。

当他回到会诊室以后，他下定决心一定要治好这位女孩的病。也就是从那天开始，他十分照顾这个当年对自己有恩的病人。

经过努力，手术成功了。当年的男孩要求医院把医药费通知单送到他那里。他看了一下，就在通知单的旁边签了个字。当医院把通知单送到那位女孩的病房的时候，她根本不敢抬头看。因为她确信，她可能要用自己的全部财产来偿付这笔医药费了。最终，她还是鼓足勇气，翻开了医药费通知单，旁边的一句话引起了她的注意，她不禁轻读了出来："医药费已付，当年的一杯牛奶。"

喜悦的泪水溢出了她的眼眶，她开始默默地祈祷着："谢谢你，上帝。你的爱已经通过人类的心灵和双手传播了。"

慈悲是一种美丽，拥有慈悲之心的人的生活也是美丽的。慈悲的美丽在于她内心纯洁的世界。我们一定要提醒自己，做一个有慈悲之心的人，为自己的人生开道。

慈悲是美丽的源泉，生活中，我们一定要培养自己的慈悲之心。有慈悲之心的人，才能拥有豁达的心胸，真诚地与他人相处，善待家人、朋友和他人。与这样的人交往，会如春风荡漾滋润人的心田。

慈悲的人，能够得到生活的回报，能够真真切切地感受到生活的美好，过好生命中的每一天。

仁心的力量坚不可摧

世界上没有比仁心更有力量的了。生活中，当面对他人的伤害的时候，如果你心存仁爱，就能够打破人与人之间的冷漠和冰冷，能打破人与人心中的"围墙"。在很多时候，仁爱比尖锐的武器更能收服人心，更能制伏敌手。

三国时期，吕布曾与刘备交恶，用武力赶跑了他，还不解气，想找个有文采的人写篇文章来辱骂他，以解恶气。他想来想去，最终想到了袁涣。

袁涣是当时有名的大才子，原本是袁术手下的人，后来被吕布所擒。吕布就想这次给他个将功赎罪的好机会，他一定会求之不得。但是，令人意外的是，袁涣断然拒绝了吕布的要求。吕布顿时怒气冲天，拔出剑，架在袁涣的脖子上，并威胁他说："如果你依照我的命令写封辱骂信，我就放你一条生路。否则，就要死在我的刀剑之下。"

面对吕布的威胁，袁涣只是微微一笑，说道："世界上的人只有因自己的德行欠缺而感到羞辱的，从未有谩骂而使人受辱的。假如刘备有君子风度，接到你的辱骂信之后，会鄙视你的行为。倘若他属于小人之辈的，也会像你一样，回敬你一封辱骂信。那样招致耻辱的会是我们了。更何况，刘备有恩于我，我不愿意写信辱骂他。如果我现在在别人帐下，别人让我写信辱骂将军，将军会做何感想呢？所以，一定要三思而行。"

其实，袁涣之所以这样说，就是因为当年刘备曾施仁慈与他。当年刘备任豫州刺史的时候，看到袁涣有才，就举荐他出来做官。而袁涣则一直视刘备为故友，一直对他心存感激。

吕布虽是匹夫之勇，听了袁涣的高论，也低下了头，不仅放下了手中的宝剑，还惭愧地向他道歉，写信辱骂刘备的事情不了了之。

后来，袁涣为曹操所用，曹操偶然得知此事，非常敬佩袁涣的行为。

文弱书生，在面对锋利的刀剑时却能够谈笑自如，实在令人佩服不已。因为在他心中，有远比武力更坚不可摧的力量，那就是仁爱之心。他曾经对热衷穷兵黩武的曹操说："武器，是一种凶器，万不得已才可以用。用高尚的品德来影响他人，用仁义的思想来感化他人，这样才能让属下的人与他同生死。"

袁涣的勇气，就是仁心的力量。世间，唯仁可以容人，唯德可以载物。善待他人是一种美德，善待源于勇敢，源于善良的心灵，是融化人际间寒冰的一剂良方，它具有坚不可摧的力量，能让人心归附，创造善缘，让你的人生灿烂如花。

慈悲无止境，布施无多寡

何为"慈悲"？其实，"慈"的本意在于愿众生皆安乐，而"悲"的意义是指愿拔除一切的痛苦。拥有慈悲心者不会拿着慈悲之心去炫耀，慈悲在于心，慈悲重在践行。

有一个人听说布施与生命轮回因果相关，如果一个人毫不吝啬地布施则会得到好报，于是就跑到一所寺院中，对禅师说："禅师，等我有钱了，我一定会广修供养，多做一些济世救人、普度众生的事情。"

说完之后，这个人开心极了，认为禅师一定会好好地赞扬自己。

然而，禅师却平静地说道："等你有钱以后，再行布施的话，那么你永远都不会有钱的，而且也永远不会布施。"

这个人疑惑极了，就问道："禅师，你怎么知道我的未来呢？"

禅师回答道："因为富有来自于布施。"

这个人回答说："我很贫穷，连自己都养不了，如何布施呢？"

禅师笑了，随手拿起旁边的饭碗，从碗中夹起一粒米，意味深长地说道："从一粒米开始，从一颗真诚、恭敬、慈悲的心开始。"

此人听后很是不解，只听禅师温和地说道："一粒米，对于我的生活健康并没有什么影响，但是对于那些处于生死攸关的生灵来说，却是无尽的福泽。他们会因此而得到丰润、幸福、快乐和安详。善心是不分大小的，即便你拥有小小的善行，也会给这个世界带来无穷的利益和福泽啊，只看你是否愿意去做。"

听了禅师的话之后，此人终于开悟了，自此由行小善做起。后来他成为一个非常富有的人，最终实现了布施于天下的慈悲心愿。

慈悲重在践行，施予不在于你做了多少，只要你有慈悲之心，你就能够做出不凡的事业。慈悲重在践行，而不在于你有多大的能力，关键在于你是否有帮助他人的善心，是否愿意主动去做。

很多时候，一粒米看似微不足道，但是给予最需要的人和生物的时候，它却可以挽救一个甚至无数的生命。一粒米，看似微不足道，但是如果施予他人，不仅可以始终保持一颗上进的慈悲之心，还可以感动无数的人，润泽无数颗日渐干枯、冷漠和僵硬的心灵，从而使你身边的大环境变得更为美好。一粒米，看似只是一点点的食物，但是却可以让你的慈悲之心普照大地。

施予的人有福，行善的人快乐

处处行善，乐于施予的人就像是在"福报"的银行中不断地储存，越存越多，最终成为有大福报的人，也会成为世上最快乐的人。

快乐地做施舍或者捐献，可以用财物以及金钱，可以用时间以及体力，可以用知识以及技能，可以用观念以及方法，更可以用自己的品行信誉。

其实，在日常生活中，每做一件好事都是在行善，只要胸中有慈悲之心，心怀众生，为世间多做善事，给众生安全感，也能够享受到行善者的快乐和福报。

在一个又黑又冷的夜晚，一位中年妇女的汽车在半路上抛锚了，四周一片荒凉，没有人能够帮助她。一个小时以后，总算有一辆车经过。开车的男子见状，就下车帮忙。几分钟以后，车子就修好了，妇人问对方要收多少钱，对方却回答说："这么做完全是助人为乐。"但是，妇人却一再坚持要付一些修车费，那名修车的男子谢绝了她的好意，并建议把钱给那些比他更需要的人。最终，他们就各自上路了。

后来，妇人又开着车到一家咖啡馆，一名身怀六甲的女招待即刻为她送上一杯热气腾腾的咖啡，并且问她为何这么晚还在赶路。于是，妇人就讲述了刚才遇到的事情，女招待听到以后，感慨这么好心的人现在真是太难得了。妇人问对方这么晚为何还在工作，而女招待说是为了迎接孩子出生需要赚取的第二份薪水。妇人听后马上就付给了女招待 200 美元的小费，对方欲谢绝，妇人却执意要让她收下，她惊呼地不能够收下这么一大笔小费，妇人回答道："你比我更需要它。"

这名女招待回到家之后，将自己在咖啡馆的遭遇告诉了丈夫，让她极为惊讶的是，丈夫正是曾经帮忙修车的好心人。

善报是世间万物的因果循环，当你付出了辛苦的汗水之后，就一定能够得到收获的喜悦。漫漫人生道路上，我们还有许多事情要去做，积德行善可以让生活变得有滋有味，而斤斤计较、处处算计只会让你的心灵背负上沉重的负担。

放他人一条生路

有一天，寺院中一位老禅师在林间的小路上散步，走到寺院墙角落的时候，突然看到有一个人鬼鬼祟祟地跑进自己的小茅屋。无疑，这是一个小偷，但是禅师却没有大喊大叫，而是放轻脚步，生怕惊动小偷。而且到了小茅屋门前之后，禅师也只是一直站在门口等候……

一会儿，小偷失望地从小茅屋出来了，因为他没有找到任何值钱的东西。当他走到门口，突然看到了禅师站在那里，不禁大惊失色，准备急切地逃命。而这个时候，禅师却叫住了他，温和地说道："你走了那么远的山路来探望我，我不能让你空手而归啊。"说毕，禅师便脱下了自己的外衣，真诚地帮小偷披在身上，说道："夜里太凉了，你穿上这件衣服回去吧，就当是从我这里得到的。"

看到这种情景，小偷顿时不知所措，连忙低着头溜走了。

看着小偷仓皇离去的身影，禅师不禁捻须感叹："可怜的人啊，但愿我真的送了你一轮明月。"

次日清晨，禅师推开房门，昨晚送给小偷的外衣已被折叠整齐，放在了门口。阳光普照，禅师欣慰地笑了，点头说道："我终是送了一轮明月于他啊！"

很多时候，善行，其实就是我们对他人的小恩小惠，所以，无论何时，无论何地，请给他人点一盏心灯。要知道，这个世界之所以越来越明亮，越来越美好，很可能就是因为你的某一次善举而开始的。

大爱无边，救人救己

其实，真正的慈悲是一种人类的博爱，它不同于自私和针对特定对象的"小爱"，而是一种"大爱"，也就是爱世人，包括爱自然万物。是慈悲造就了人类的伟大，同样也是慈悲成就了我们当下的生活，它能够引领我们走出痛苦的泥沼，走向快乐的新园地。

有两个登山的人在攀登喜玛拉雅山的时候，在途中遇到了暴风雪。恶劣的环境不允许他们再继续向前，于是两人只好原路返回。就在这个时候，雪下得很大，积雪已经没到了大腿处，周围天寒地冻，再加上风很大，两人在不知不觉间迷了路。

还好两个人可以互相照应，真难以想象如果是一个人在这种恶劣的环境中行走，是否还能活着下山去。他们为了保存体力不敢说话，山上空气稀薄，天气又冷，保存体力是他们唯一可以做的事情。突然间，他们看到前面的不远处有个老人躺在那里，奄奄一息。

其中一人赶紧上前，想要把老人搀扶起来，另一个人却阻止了他，说道："你不要再蠢了，我们已经快没力气了，你还要救人，你会死在路边的。赶快放下，我们要赶路才行啊！"然而，这个人却始终不忍心放下危在旦夕的老人，他说："无论如何，我都不能够见死不救。"另一个人见他不听劝，只好不搭理他，边走边骂地离开了。

257

　　于是，这位好心的登山者背起老人，慢慢地走下山来。虽然很是辛苦，但是他也因为背着老人，走得很热又流了汗。登山者流的热汗温暖了快被冻死的老人，他的身体也开始慢慢地暖和了起来，慢慢地清醒了。也就是从那个时候开始，两人就互相分享体温，慢慢走下了山，终于走到村子获救了。获救以后的两个人高兴万分，但是突然有一个消息传来，有人在半山腰间看到一具尸体，大家把他抬下来一看，正是那个见死不救的年轻人。

　　当你诚心诚意地去对待身边的人或物的时候，会收获意想不到的惊喜。就像故事中那个行善的人一样，宁肯牺牲自己也要去救别人，反而救了自己；自私的人，结果就被冻死了。这就告诫我们，凡事都要以一颗慈悲之心去对待，不要计较自己的得失，这才能给自己带来最大的福泽。